Tuyan Fuhe Diceng Shenjikeng Zhuangmao

土岩复合地层深基坑桩锚

Zhihu Shigong Guanjian Jishu

支护施工关键技术

屈家奎　黄　锋　周启宏　著

人民交通出版社

北京

内 容 提 要

本书以重庆市轨道交通 10 号线兰花湖停车场深基坑工程为研究背景,探讨了填土-基岩接触面力学特性变化规律,开展了深基坑桩锚施工力学效应与变形控制技术研究,建立了土岩复合地层深基坑桩锚施工自动化监测技术与预警方法。全书内容包括:绪论、土石混合体与基岩沉积层面力学特性试验、深基坑桩锚协同支护方法、超大深基坑桩锚支护设计、土岩复合地层深基坑施工数值模拟方法、土岩复合地层深基坑施工稳定性的影响因素分析、深基坑工程信息化施工技术、基于监测数据的回填土深基坑分级预警研究和结束语。

本书可供建筑、市政、公路、铁路、桥梁、地铁等部门从事地基基础勘察、设计、施工等科研技术人员借鉴参考,并可供高等院校土木工程、岩土工程、公路桥梁及渡河工程专业的师生学习使用。

图书在版编目(CIP)数据

土岩复合地层深基坑桩锚支护施工关键技术 / 屈家奎,黄锋,周启宏著. — 北京:人民交通出版社股份有限公司,2024.12

ISBN 978-7-114-19466-5

Ⅰ.①土… Ⅱ.①屈… ②黄… ③周… Ⅲ.①深基坑支护—基坑施工—研究 Ⅳ.①TU46

中国国家版本馆 CIP 数据核字(2024)第 065352 号

书　　名:土岩复合地层深基坑桩锚支护施工关键技术
著 作 者:屈家奎 黄 锋 周启宏
责任编辑:岑 瑜
责任校对:赵媛媛 刘 璇
责任印制:张 凯
出版发行:人民交通出版社
地　　址:(100011)北京市朝阳区安定门外外馆斜街 3 号
网　　址:http://www.ccpcl.com.cn
销售电话:(010)85285857
总 经 销:人民交通出版社发行部
经　　销:各地新华书店
印　　刷:北京科印技术咨询服务有限公司数码印刷分部
开　　本:787×1092 1/16
印　　张:9.25
字　　数:234 千
版　　次:2024 年 12 月 第 1 版
印　　次:2024 年 12 月 第 1 次印刷
书　　号:ISBN 978-7-114-19466-5
定　　价:68.00 元

(有印刷、装订质量问题的图书,由本社负责调换)

PREFACE | 前言

在我国西部地区,随着城市规模的不断扩大,地面交通拥堵问题已经成为严峻的社会问题。城市轨道交通作为一种有效的运输方式,在我国许多城市得到迅猛发展。地铁车站等地下工程建设的修建使得基坑开挖深度越来越深,规模越来越大。此外,基坑周边往往建筑物密集,存在城市主干道路及各种地下设施和管线,使得深基坑所处的环境越来越复杂,基坑开挖风险越来越高,安全防控问题越显严峻、迫切。在我国重庆等山地城市,土石混合体被广泛地用作土工材料填充到低洼场地,土石混合体填土层下部多为砂泥岩层,且基岩面倾斜的情况极为常见。在基坑建设过程中,不可避免地会遇到土岩组合地层,若基坑支护不及时或支护失效,容易造成基坑失稳破坏,引发严重的工程事故。

桩锚支护结构在控制基坑变形方面存在显著优势,是深基坑施工中十分重要的一类支护技术。在实际工程中,桩锚支护结构的锚索因施工工序、材料或自然环境等因素不可避免地造成预应力损失,并且时间越长,预应力损失越多,加上土岩复合地层的复杂性,导致基坑变形控制难、稳定性差,严重威胁基坑工程安全。

本书以重庆市轨道交通10号线兰花湖停车场(重庆市首个轨道交通地下停车场)基坑工程为研究背景,在重庆市科技型企业技术创新与应用发展专项项目(cstc2020kqjscx-phxm0183)、重庆市自然科学基金面上项目(cstc2020jcyj-msxmX0679)的共同资助下,采用理论分析、室内试验、数值模拟和现场试验等相结合的综合性研究方法,以土-基岩接触面力学特性变化规律为基础,开展了土岩复合地层基坑桩锚施工力学效应、变形特性、桩锚的施工控制技术等研究,建立了填埋土深基坑桩锚的施工自动监测技术与预警技术。本书研究成果可为类似工程提供一定的参考。

　　本书能够顺利出版得到了中铁二十局集团第三工程有限公司任高峰、朱朋刚、刘仁华、陈强,龙平兵、苏舫、王建、马瑞成和重庆交通大学彭凯、杨永浩、米吉龙、冯虎等人员的大力支持。此外,书中引用了国内外相关文献资料。在此,对上述人员及文献作者表示衷心感谢!

　　由于作者水平有限,书中难免有不妥之处,敬请读者批评指正。

作　者

2024 年 8 月

CONTENTS | 目录

001 | **第1章**
绪论

1.1　研究背景和意义　……………………………………… 001
1.2　研究现状及评述　……………………………………… 003
本章参考文献　…………………………………………… 008

012 | **第2章**
土石混合体与基岩沉积层面力学特性试验

2.1　土石混合体回填土的基本物理指标　………………… 013
2.2　直剪试验设备和材料　………………………………… 019
2.3　土石混合体-基岩接触面剪切试验结果分析　………… 027
本章参考文献　…………………………………………… 035

037 | **第3章**
深基坑桩锚协同支护方法

3.1　桩锚协同支护方法的基本组成　……………………… 037
3.2　桩锚支护协同工作原理　……………………………… 038
3.3　基坑常见支护方法与桩锚协同支护体系　…………… 041
3.4　群锚效应　……………………………………………… 045
3.5　施工控制措施　………………………………………… 046

3.6　桩锚结构施工力学行为分析 ·················· 053

本章参考文献 ·················· 061

063 | 第4章
　　　　超大深基坑桩锚支护设计

4.1　基坑总体设计方案 ·················· 063

4.2　基坑支护设计计算 ·················· 065

4.3　基坑工程安全分析与评估 ·················· 074

4.4　深基坑桩锚支护结构设计与计算 ·················· 077

本章参考文献 ·················· 084

085 | 第5章
　　　　土岩复合地层深基坑施工数值模拟方法

5.1　建立三维分析模型 ·················· 085

5.2　岩土体模型参数取值 ·················· 088

5.3　施工模拟 ·················· 089

5.4　参数验证 ·················· 091

本章参考文献 ·················· 092

093 | 第6章
　　　　土岩复合地层深基坑施工稳定性的影响因素分析

6.1　数值模拟方案 ·················· 093

6.2　土层厚度对土岩复合坡地深基坑开挖稳定性影响 ·················· 096

6.3　基岩面倾角对土岩复合坡地深基坑开挖稳定性影响 ·················· 102

6.4　锚索预应力损失对土岩复合坡地深基坑开挖稳定性影响 ·················· 109

本章参考文献 ·················· 112

113 | 第7章
　　　　深基坑工程信息化施工技术

7.1　深基坑工程信息化施工的必要性 ·················· 114

7.2　监测方案与信息采集 ·················· 115

7.3 锚索张拉锚固过程中监测数据分析 ·············· 120

7.4 锚索预应力张拉锚固不足原因分析 ·············· 120

7.5 锚索张拉锚固完成后预应力监测数据分析 ······· 123

本章参考文献 ··········· 125

126 | **第 8 章**
基于监测数据的回填土深基坑分级预警研究

8.1 基本原理 ··············· 127

8.2 预警报警控制策略研究 ··············· 128

8.3 红色报警控制值的确定研究 ··············· 133

8.4 工程应用 ··············· 133

本章参考文献 ··············· 134

136 | **结束语**

第 1 章
CHAPTER 1

绪论

1.1 研究背景和意义

1.1.1 研究背景

随着城市建设的步伐越来越快,地下空间利用逐渐成为许多城市解决地面用地紧张问题的有效途径。随着地下工程建设的不断增多,基坑越来越深,规模越来越大;同时富水复杂地质、周边密集的建筑物和道路及各种地下设施和管线,使得深基坑所处的环境越来越复杂;因此基坑开挖安全风险越来越高,安全防控问题日益严峻、迫切。

基坑工程需要解决的问题主要分为两个方面:一是稳定性,二是变形。对于那些分布在非城区的基坑,由于周围场地较为空旷,在基坑施工阶段无须过多考虑对附近设施以及地下管线的影响,但需保证基坑不会因为失稳破坏而发生严重的工程事故。在高层建筑和地下交通设施比较密集的城市开挖基坑,由于周围环境条件复杂,且在施工阶段不能影响邻近设施的安全使用,需同时满足基坑稳定性要求和变形要求。日前,深基坑工程的设计思路逐渐从保持稳定向控制变形转变[1-2]。想要控制深基坑变形,就需要选择合理的支护结构并对其逐渐完善优化。深基坑在施工阶段存在降水量大、周围地下水管破裂和过度堆载等不确定因素,如果施工现场勘察、支护方案及实时的监测存在问题,会导致基坑工程垮塌。根据调查统计分析,约50%的基坑工程事故是由不合理的支护设计方案造成的[3]。合理的支护设计能够有效地减少基坑工程事故的发生。

桩锚支护结构在抑制土体变形方面存在优势,适用于多种类型基坑,并且由于造价适中、安全性高等优点被广泛应用。锚索对应的岩土锚固技术是岩土工程中十分重要的一项支护技术,它利用锚索提供给土体或岩体的锚固力,采用主动加固的方式,使基坑边坡成为一个整体,共同维持支护体系的稳定,有效地控制了土体的位移,防止工程施工中出现坍塌、滑移等。在实际工程中,锚索因施工工序、材料或自然环境等因素不可避免地造成预应力损失,并且时间越长,预应力损失越多,从而不能提供稳定的锚固力,对基坑的安全造成威胁。大型基坑支护体系成本高,且大多数是临时工程措施,施工过程中在确保安全的同时将尽可能节约投资。因此,施工过程中需对基坑变形报警进行严格控制,但基坑工程安全等级主要依据危害严重性进行划分,缺乏技术依据,针对桩锚支护基坑工程报警控制值开展研究已迫在眉睫。

由于桩锚支护结构与基坑周边土体的相互作用较为复杂,且不同地区工程地质条件差异大,桩锚支护结构的研究过程中依然存在诸多问题。其中,锚索预应力损失是影响采用桩锚支护结构的基坑工程稳定性的重要因素。

山区城市建设面临大量回填土场地开挖作业,特别是在重庆等山地城市,土石混合体被广泛地用作土工材料填充到低洼场地。受回填历史及回填质量的影响,土石混合体回填土较松散,处于欠固结状态和持续沉降阶段,属于不良工程地质条件。土石混合体填土层下部多为砂泥岩层,且基岩面倾斜的情况极为常见。因此,在重庆基础设施建设过程中,不可避免地会遇到在边坡场地土岩复合地层中开挖基坑的情况。对于此类基岩面倾斜的土岩复合地层,一旦基坑支护不及时或支护失效,就会造成基坑失稳破坏,发生严重的工程事故。图 1-1 为土岩组合地层基坑开挖过程中支护结构不当导致的边坡沿着土岩界面发生的滑动破坏;图 1-2 为桩锚土岩支护基坑垮塌,该基坑地层上部为填土、粉质黏土,下部为砂泥岩层,岩层倾斜,属于土岩组合地层开挖基坑,其垮塌沿土岩界面发生滑移。

图 1-1　土岩组合边坡滑动破坏　　　　　图 1-2　桩锚土岩支护基坑垮塌

本书主要以重庆市轨道交通 10 号线兰花湖停车场重庆市首个明挖地下停车场基坑工程为研究背景。该基坑沿轴线长约 395m,开挖断面最窄处宽约 13.4m,最宽处约 81.4m,开挖深度 15.6 ~ 26.5m。基坑场地属于典型的土岩复合地层,上部主要为深厚的土石混合体回填土层,下部为风化的砂泥岩岩层。施工过程中,由于上覆土层和下伏岩层两种岩土介质物理力学性质差异较大,且土岩层界面倾斜角度较大,一旦支护不及时或者支护失效,就会造成基坑失稳破坏,发生严重的工程事故。本书通过现场监测、室内试验、数值模拟等手段对桩锚支护作用下的土岩复合深基坑开挖稳定性进行研究,对相关的基坑支护理论和施工控制技术进行了介绍,以期为类似的基坑支护设计及施工提供参考。

1.1.2　研究意义

土石混合体回填土场地质受回填历史及回填质量的影响,且由于回填土较松散,处于欠固结和持续沉降阶段,属于不良工程地质条件,此类地质条件下桩锚围护结构协同作用机理和变形特性将与软土基坑及岩质基坑存在较大差异。此外,基坑周边环境条件、地质条件越来越复杂,表现出显著的局部区域性特点和个性特征。本书对边坡场地条件下上层为土石混合体回填土层,下层为砂泥岩且基岩面倾斜的深基坑开挖稳定性进行研究,分析上部回填土层厚度及基岩面倾斜角度对边坡场地土岩复合地层深基坑开挖稳定性的影响,研究成果可为类似地质条件下的基坑工程的设计与施工提供参考与借鉴,对保障工程施工安全具有重要意义。

1.2　研究现状及评述

1.2.1　土岩复合基坑设计理论

土岩复合基坑为上覆土层与下部基岩组成的二元结构地层,由于土层与岩层两种岩土介质物理性质差异大,导致这类地层基坑的围护结构受力与变形变得更加复杂。目前,土岩复合地层基坑的支护结构往往按照土层基坑或岩层基坑进行设计,然而按照单一岩土体进行基坑设计不仅会导致支护结构不合理,对支护结构的强度和稳定性造成影响,还会造成严重的安全事故。因此,国内外学者对土岩复合深基坑进行了一系列研究,并取得了一些成果。

刘蓉[4]基于 HSS 模型对金华某土岩组合基坑进行了研究,认为土岩组合基坑开挖变形主要会经历三个阶段:①开挖深度较浅,变形较平稳;②开挖面至土岩交界面,变形急剧增加;③开挖基岩时,变形又逐渐趋于平缓。

XU 等[5]对济南 CBD(中央商务区)地区某土石组合基坑支护结构端承桩的受力变形特性进行了研究,并对围护结构进行了优化,提出合理的嵌岩深度为 $0.158 \sim 0.200H$(H 为基坑开挖深度);锚索预应力能有效减小围护结构的变形和受力,合理的预应力设置可为 $1 \sim 1.25P$。

GUO 等[6]利用 PLAXIS 软件对南京地铁工程二桥公园站土岩组合深基坑进行了研究。结果表明,桩体变形主要发生在上部土层部分,且桩身的突变主要位于土岩界面处以及坑底部分,土岩组合基坑的变形与土层厚度以及基坑开挖深度有关。

ZHANG 等[7]结合青岛地铁 3 号线宁夏路站深基坑工程,采用强度折减弹塑性有限元数值计算方法,对比分析了多种工况下上、下岩二元地层深基坑稳定性特征,揭示了不同土层厚度和开挖深度下深基坑潜在滑移面及相应安全系数的演化规律,提出了上、下二元地层中深基坑竖向土侧壁临界稳定高度和竖向岩侧壁临界稳定高度的概念;揭示了不同土层厚度和不同开挖深度下临界稳定高度和竖向岩侧壁临界稳定高度的分布特征与变化规律,构建了上覆土层和下伏岩层二元地层深基坑垂直侧壁自稳高度的空间分布图,得到了临界稳定高度与竖向岩侧壁临界稳定高度之间的拟合方程。

　　YAO 等[8]以某明挖地铁深基坑为例,通过现场监测和数值模拟,分析了岩土组合地层中支护桩水平位移和钢支撑轴力的变化规律。结果表明,基坑结构对支护结构的变形和内力影响明显,数值模拟结果与监测数据变化趋势吻合较好。其中,土层中上部排桩支护结构变形较大,土层中下部变形相对较小,以岩土界面为界,排桩对基底的侧向变形有逐渐减小的趋势。

　　寿凌超等[9]采用 Rankine 理论分析方法,结合现场实测,对金华某土岩组合基坑的岩土压力及土体位移等进行分析。研究结果表明,岩层和土层开挖时,桩后主动土压力呈现不同的分布形式,当开挖面从基坑面以上土层部分移到下部岩层时,主动土压力由三角形分布演变为 R 形分布,且基坑开挖面以下的影响深度也从 0.93 ~ 1.1 倍的开挖深度(H)逐渐转变为 0.58 ~ 0.67H;土层部分围护结构的主动土压力的实测值与理论值的比值为 0.81,而岩层部分,两者比值为 0.18。

　　商大勇[10]对青岛地铁苗岭路换乘车站深基坑阳角部位的变形及稳定性进行了研究,得出无支护和桩锚支护条件下基坑阳角部位主要发生楔形体的滑动破坏和椭球形的土体滑裂面破坏。

　　卢途[11]对济南某土岩组合基坑的不同支护形式进行了研究,分别分析了围护桩嵌入岩层深度、围护桩桩径、桩间距、预应力大小、岩肩宽度等因素对基坑变形的影响,并依据研究结果对济南土岩组合基坑支护结构进行了优化。

　　桩锚支护作为一种结构简单、支护效果良好的支护形式,被广泛用于土岩复合地层基坑中,许多学者针对该类支护体系展开了相应的研究。张卢明[12]对某桩锚支护的土岩组合边坡进行了优化,优化后土体位移增加40%,地表沉降增加56%,但均在控制范围内;并且提出围护桩嵌入岩层设计深度应为桩长的25%左右。YI 等[13]对大连土石二元区深基坑桩锚支护体系变形进行监测和数值模拟研究,结果发现有限元模拟能够有效地反映基坑在开挖过程中的变形,并且发现嵌入岩石的锚索可以更好地抑制桩体水平位移;还发现在土石区域,监测值都小于报警值或者设计值,因此设计时可以调整参数,以节省资源。SONG[14]以济南某深基坑为工程背景,研究了单排锚索和局部锚索失效引起的支护结构变形规律。

　　通过上述学者对土岩组合地层基坑的研究可以发现,土岩组合地层基坑的研究重点主要为软土地层基坑且基岩面以水平为主,针对重庆地区土石混合体回填土为主且下伏倾斜基岩面的土岩组合地层基坑的研究较少。由于地质地层差异,倾斜和起伏的土岩交界面会沿不同深度土岩交界面产生不均匀变形,这不同于软土地区的基坑变形,因此,应针对重庆地区典型的坡地回填土组合地层基坑稳定性开展持续研究工作。

1.2.2　土岩界面层力学特性

　　重庆地区分布着大量的山地和丘陵,因此工程建设过程中面临大量土石混合体回填土-基岩等组合地层,而土石混合体与下伏基岩接触面又常常是失稳滑塌的潜在滑移面。土石混合体-基岩界面的抗剪强度是控制土岩复合地层坡体稳定性的重要参数之一,也是工程设计的重要参数。

　　杨烜宇等[15]通过室内直剪试验对黄土-基岩接触面剪切特性开展了研究,发现法向压力对接触面剪切特性有着显著影响;低法向压力下,接触面抗剪强度低于两侧岩土体的强度;而在高法向压力下,接触面抗剪强度介于两侧岩土体强度之间。

CEN 等[16]依托重庆江北机场扩建项目,对台阶状土石混合体-基岩接触边坡开展数值模拟研究,探究了块体比例和块体尺寸对接触面抗剪强度的影响。模拟结果显示,峰值剪应力和界面内摩擦角随块体比例和块体尺寸的增大而增大。黏聚力随块体比例的增加而减小,随块体尺寸的增加而增大。

CHEN 等[17]研究了红黏土-混凝土界面规则表面起伏高度及其对界面剪切行为的影响。试验结果显示,表面起伏高度对界面剪切强度和剪切行为有显著影响,界面剪切强度随表面起伏高度水平的增加而增加。由于黏土基体的黏聚力和摩擦力,粗糙界面的剪切强度由黏土与混凝土表面的黏聚力和摩擦力组成。摩擦角在黏性土的摩擦角和光滑界面的摩擦角之间波动,这可能与剪切破坏滑移面的位置变化有关。围压和表面起伏高度会改变剪切破坏面在界面上的位置,红黏土-结构界面通常被认为是力学安全评价中最薄弱的部分。

BORANA 等[18]采用改进的吸力控制直剪仪对完全分解的花岗岩土与钢界面的剪切行为进行了研究。研究发现基体吸力和表面起伏高度对界面剪切性能和剪切强度有显著影响。界面剪切强度随界面粗糙度的变化呈非线性,具有较高表面起伏高度的土-钢界面的峰值抗剪强度值较大;界面剪胀率随基质吸力和界面起伏高度的增大而增大。界面摩擦角相对于基质吸力的变化与基质吸力成反比。

HOSSAIN[19]对压实的花岗岩土-水泥接触面进行了直剪试验研究。重点探讨膨胀对界面摩擦角和剪切强度的影响。结果表明,基质吸力和净法向应力对水泥土界面的硬化软化行为有显著影响。在较低的净正应力下,除饱和状态外,应力-位移曲线在整个吸力范围内均表现为应变软化。在较低吸力和较高净正应力时,应力-位移曲线表现为应变硬化行为。界面剪切强度随基质吸力和净法向应力的增大而增大,界面刚度随基质吸力的增大而减小。

CABALAR 等[20]对砂土-结构物接触面进行了循环直剪试验研究。循环直剪试验结果表明,剪切过程中产生的剪应力高度依赖于砂粒的形状和大小;结构材料特性与界面剪切特性密切相关。

董亚红等[21]以某滑坡工程为背景,研究土石混合体与基岩接触面的剪切特性,室内叠环直剪试验结果表明,接触面粗糙程度、法向压力对接触面剪切厚度影响较大,土-岩剪切破坏模式主要为:接触面的滑移破坏、接触面剪切滑动带的破坏及上部土体内的破坏。

刘新荣等[22]采用室内试验和数值模拟的方法,针对两种不同的软硬互层结构面开展研究,基于不同含水率、法向压力和起伏角度下的剪切结果,提出了软硬互层结构面的剪切强度估算公式。

杨忠平等[23]通过室内直剪试验探究了起伏高度对填方体-基岩接触面间的剪切特性的影响。研究结果表明,粗糙度对接触面的抗剪强度表现为接触面黏聚力和内摩擦角均随着粗糙度增加而增大,同时剪切带宽度也有所增加。

综上可知,目前针对土岩界面的研究还是以直剪试验为主,但大多数研究都是针对某一类岩土体界面。岩石表面形状、岩石风化程度等对土-岩接触面强度特性有显著影响。

1.2.3　土岩复合基坑开挖稳定性

随着城市地面资源的日益紧张,地下空间更深层次的开发将导致基坑开挖到岩层的情况趋向常态化。土岩复合地层有很强的地域性,不同性质的土岩层、土岩组合形式可能影响基坑开挖变形特性及稳定性。

ZHANG 采用强度折减弹塑性有限元数值计算方法,通过对多种工况下上土、下岩二元地层深基坑稳定性特征的对比分析,揭示了不同土层厚度和开挖深度下深基坑潜在滑移面及相应稳定系数的演化规律,提出了将竖向土层侧壁高度和竖向岩层侧壁高度分别作为上土、下岩二元地层深基坑稳定性的两个独立评价指标。

韦康等[24]认为基岩面深度和围护桩的插入比是影响土岩组合基坑抗倾覆稳定性的两大重要因素,结合金华万达广场土岩组合基坑的土压力和支撑轴力实测数据和数值模拟结果对比发现,桩撑式基坑抗倾覆稳定性与基岩面深度负相关,而与围护桩插入比正相关;通过实测数据还发现,土层开挖和岩层开挖时,桩后土压力逐渐从三角形分布转变为 R 形分布。

严薇等[25]通过工程实例和理论计算的方法研究分析了重庆不同土岩组合基坑开挖方法对基坑稳定性的影响。结果表明,土岩基坑的失稳有别于一般基坑,在进行围护结构的设计和施工时应当考虑土岩界面以上土层的稳定性,并提出了一种针对上层土体整体稳定性的简单算法和判别基坑是否失稳的方法。

AYIHENG 等[26]基于 ABAQUS 有限元分析软件,对某深厚覆盖层上土石围堰的基坑边坡稳定性进行了分析,并采取了两种不同的加固措施:振冲碎石桩和混凝土抗滑桩。研究结果表明,振冲碎石桩和混凝土抗滑桩均提高了基坑边坡稳定性,振冲碎石桩可在基坑开挖前施工,有利于基坑排水,应作为最终加固措施。

陈晗等[27]建立了土岩二元组合的边坡稳定性分析模型。研究结果表明,土层厚度对土-岩二元边坡稳定的影响比对土岩层界面倾角的影响更显著。

刘涛和刘红军[28]分析并推导了青岛岩质基坑和土岩组合基坑的稳定性计算公式和破坏模式。王孝宾等[29]运用数值模拟软件对土岩组合地层基坑边坡的稳定性进行了模拟分析,并结合强度折减法及重度法探讨了不同因素对稳定性的影响,为此类地层基坑的稳定性分析提供了参考。

综上可知,目前许多学者通过理论计算、数值模拟等方法探讨了基坑开挖稳定性问题,但大多都是针对单一土或岩地层,而针对土岩组合地层破坏模式及不同岩层倾角、不同风化岩层对基坑稳定性影响还缺乏系统、深入研究。

1.2.4 桩锚协同作用机理与群锚效应

桩锚协同作用是桩锚支护结构发挥作用的关键,桩锚之间的强弱关系会直接影响基坑支护结构的变形形态和内力分布。关于基坑支护结构变形形态,CLOUGH 和 O'ROURKE[30]认为,当采用内支撑和锚拉系统作为支护措施的基坑开挖时,围护结构变形有三种形态:悬臂式、内凸式和组合式;吴佩轸等[31]根据台北市基坑工程案例的监测资料,将地下连续墙支护结构的变形曲线归纳为标准型、旋转型、多折型和悬臂型;龚晓南等[32]对多地区大量工程实测数据进行总结,将基坑支护结构变形模式划分为悬臂式、内凸式、复合式和踢脚式四种。基坑施工过程中,开挖初期通常表现为悬臂式,随着开挖深度的增加逐渐呈现出其他形式,支护结构变形形态与土层性质、支护结构的刚度、施工工序等因素紧密相关。

当基坑工程采用桩锚支护结构时,通常不会只采用一根锚索,群锚效应也就成为不可回避的问题。锚索是通过锚固段与土体的相互作用来提供拉应力,当锚索间距较小时,该应力在土层中的传递就会产生叠加区,这导致每根锚索所承担的抗拔承载力远小于单根锚索的抗拔承载力,即群锚结构对锚索极限抗拔承载力产生折减。基坑开挖深度的增加导致预应力锚索数量和内力随之增加,群锚效应也变得日益突出,对基坑支护结构安全造成威胁。

关于群锚效应,早期的研究多是借鉴群桩效应,其中关于 Mindlin 应力公式法和等代实体深基础法的应用研究较多。戴运祥等[33]在 Mindlin 解和实验基础上对软土地区群锚效应的影响因素做了分析。赵赤云等[34]对单锚、群锚在弹性介质中的应力场做了研究,对锚索参数和平面布置参数的关系做了推导。何思明等[35]通过对预应力群锚系统进行分解和离散,推导出了预应力群锚的计算模型及相应的迭代格式。

深基坑工程桩锚联合支护结构均会涉及群锚效应。现阶段,桩锚支护结构设计也多是基于现有理论和工程经验而进行的,关于桩锚协同作用机理及群锚效应的研究仍然存在较大分歧。桩锚支护结构设计中,桩锚强弱关系缺乏设计指导;在位移控制中,桩锚参数各自发挥的作用也不明确。在现有理论和设计规范中,通常将深基坑桩锚支护结构视为临时性施工措施,只在基坑开挖阶段发挥作用,不仅造成巨大浪费,还对城市地下环境造成破坏。锚索的大量存在对基坑周边地下空间的再次开发造成麻烦,与现阶段倡导的工程集约化和可持续发展理念相悖。在此背景下,如何充分发挥桩锚支护结构的自身价值,实现桩锚支护结构的长久利用成为桩锚支护结构研究的重点关注课题。

1.2.5 锚索预应力损失

锚索预应力损失是影响基坑安全的一项重要因素。锚索能否提供足够的预应力将很大程度上影响基坑工程的安全。锚索发生预应力损失,支护结构水平位移会逐渐增大,桩后主动土压力会逐渐变小,其变化规律与锚索的位置有关。随着锚索预应力损失的加剧,支护桩可能在中上部首先发生折断破坏。

ELICES 等[36]对某大坝中锚索的 3 根预应力筋进行研究,通过对预应力筋体断口的检测可知,由于该预应力筋存在小裂纹及脆性,其断裂韧性约为 40MPa,同时对预应力筋体的损伤容限进行了评估。余瑜等[37]认为分散锚索应采取单根张拉的方式减少预应力损失,锚索自由段越短,锚索预应力损失就越明显。侯征等[38]结合某工程实例,研究了群锚作用下锚索失效对基坑稳定性的影响。李厚恩等[39]通过基坑支护结构中锚索预应力的监测,将锚索预应力变化分为预应力快速下降阶段、预应力值"抬头"阶段、应力值稳定变化阶段三个阶段。张晖[40]分析了造成锚索预应力损失的影响因素,并就预应力锚索筋体松弛、岩土体蠕变、浆体蠕变等对锚索预应力的影响机理和影响程度进行详细分析。景锋等[41]对锚索预应力损失的规律进行研究,提出了一种能够基于岩体流变和锚索松弛的耦合作用计算锚索预应力损失值的数学模型,并通过工程应用验证了该模型可较精确地计算锚索预应力的变化情况,可为锚索预应力的预测工作提供参考。阮波等[42]通过对某抗滑桩加锚索处理工程中的锚索预应力状态进行长期监测,讨论了锚索在张拉过程中荷载-位移的关系,并采用 GM(1,1)模型,模拟了锚索预应力损失的变化规律。

综上,已有研究在锚索预应力损失方面取得了长足的发展,但大部分研究成果集中在分析产生预应力损失的原因上,针对实际工程中如何降低预应力损失的研究较少。

1.2.6 基坑监测与预警报警控制值研究现状

在基坑工程设计、监测中,如何科学、合理确定地预警报警控制值,实现有效预警报警是基坑安全监控的重要研究内容。

李宝平等[43]通过对结构水平位移的计算与监测,研究分析了在深基坑开挖过程中桩锚支护体系的变形特性,得出支护桩的水平位移随开挖工况的变化规律。任凯[44]利用理正深基坑软件,计算了兰州市某深基坑围护结构在基坑施工过程中的变形、内力及稳定性,且与实测值进行了对比分析。王浩等[45]分析了当前基坑监测成果反馈信息的水平和施工信息化水平比较差的原因,指出监测数据整理分析需要加强,监测软件需要开发的必要性。冯利坡等[46]通过研究支护结构破坏前20d的坡顶水平位移、深层水平位移曲线,得到了结构破坏时监测曲线的突然变化,说明自动化监测可对基坑的破坏起到预警作用。刘涛[47]基于数据挖掘理论方法,选取了具有代表性的30个地铁基坑工程的围护墙体实测变形数据,研究了基坑状态、工程风险、施工工况、保护等级和监测数据之间的关系,并在此基础上结合上海地铁工程的实际情况提出了一套合理有效的基坑变形警戒值。郑荣跃等[48]通过收集宁波市14个深基坑工程监测数据进行了预警值探讨。徐中华和王卫东[49]指出,上海地方标准《地基基础设计规范》(DGJ 08-11—2018)和《上海地铁基坑工程施工规程》(SZ-080—2000)根据安全等级和基坑等级提出的不同变形控制指标有部分偏严并且缺乏足够的依据。

目前,针对基坑预警控制值的研究成果较多,但针对土石混合体回填土深基坑变形预警控制值方面的研究还较少见报道,且当前国家行业有关规范要求的报警控制严格,并且限定在一个统一的规范报警控制值之内,不分环境条件、支护结构类型,只是简单依据基坑工程安全等级划分规范报警控制值。设计人员参照规范控制值,自由设定设计报警控制值时,若报警控制值设置过大,可能造成严重的施工安全隐患;若控制值过小,则可能造成资源的浪费及成本的增加。因此,对深厚回填土桩锚支护基坑工程报警控制值进行技术层面的研究已迫在眉睫。

本章参考文献

[1] 陈乐.基于FLAC3D的上海大厦基坑支护稳定性分析[D].北京:中国地质大学(北京),2016.

[2] 王玉柱.土岩混合深基坑支护结构的受力变形规律及优化[D].北京:中国矿业大学,2021.

[3] 李彬彬.运营中地铁隧道周边G深基坑工程施工风险管理[D].杭州:浙江大学,2021.

[4] 刘蓉.基于HSS模型的土岩组合地层基坑变形特性研究[D].北京:北京交通大学,2020.

[5] XU Q C, BAO Z H, LU T, et al. Numerical Simulation and Optimization Design of End-Suspended Pile Support for Soil-Rock Composite Foundation Pit [J]. Advances in Civil Engineering,2021,2021(17):1-15.

［6］ GUO K,HUANG C,ZHANG H,et al. Deformation and Force Numerical Analysis of Deep Foundation Pit in Soil-Rock Dualistic Stratum［J］. Science Discovery,2018,6（6）:506-513.

［7］ ZHANG Z G,LI Y H,ZHANG J S,et al. Study on the Characteristics of Self-Stabilizing Height Distribution for Deep Foundation Pit Vertical Sidewall in Binary Strata of Upper Soil and Lower Rock［J］. Advances in Civil Engineering,2021,2021（26）:1-17.

［8］ YAO A J,ZHANG X D,ZOU X J. Study on the Deformation of Supporting Structure for Foundation Pit in Strata with Rock-Soil Combination［J］. Advanced Materials Research,2012:446-449.

［9］ 寿凌超,王立峰,王珂,等.土岩组合地层地铁深基坑土压力实测研究［J］.浙江科技学院学报,2021,33（3）:248,260.

［10］ 商大勇.土岩组合地层地铁车站深基坑阳角变形及稳定性［J］.北京交通大学学报,2020,44（6）:25-33,43.

［11］ 卢途.济南地区土岩组合基坑变形特性分析及其优化设计［D］.济南:山东大学,2020.

［12］ 张卢明,袁钎,何敏.狭窄场地二元结构高边坡组合支挡变形与优化分析［J］.科学技术与工程,2021,21（34）:14696-14704.

［13］ YI X D,HUANG P,WANG Z C. Compared Analysis of Deformation Monitoring with Numerical Simulation on Pile-anchor Supporting System of Deep Foundation Pit in Soil-rock Dualistic Area［J］. Applied Mechanics and Materials Vols,2013,353-356:3598-3605.

［14］ SONG W L,LIU Y,ZHENG Q M. Influence of anchor cable failure on a supporting system of pile anchor foundation pit［J］. IOP Conference Series:Earth and Environmental Science,2021,634（1）:12-152.

［15］ 杨烜宇,王闫超,陈辉,等.模拟不同形态土-岩界面的直剪试验［J］.科学技术与工程,2020,20（5）:2030-2036.

［16］ CEN D,HUANG D,REN F. Shear deformation and strength of the interphase between the soil-rock mixture and the benched bedrock slope surface［J］. Acta Geotechnica,2017,12（2）.

［17］ CHEN X B,ZHANG J S,XIAO Y J,et al. Effect of roughness on shear behavior of red clay-concrete interface in large-scale direct shear tests［J］. Canadian Geotechnical Journal,2015,52（8）,1122-1135.

［18］ BORANA L,YIN J H,SINGH D N,et al. Interface behavior from suction controlled direct shear test on completely decomposed granitic soil and steel surfaces［J］. Int J Geomech,2016,16（6）:1-14.

［19］ HOSSAIN M A,YIN J H. Dilatancy and strength of an unsaturated soil-cement interface in direct shear tests［J］. Int. J. Geomech,2015,15（5）:401-408.

［20］ CABALAR A F. Cyclic behavior of various sands and structural materials interfaces［J］. Geomechanics and Engineering,2016,10（1）:1-19.

［21］ 董亚红,艾英钵,徐阳阳,等.土石混合料与岩石接触面变形特性模拟试验研究［J］.河南科学,2019,37（12）:1980-1987.

［22］ 刘新荣,许彬,周小涵,等.软硬互层岩体结构面宏细观剪切力学特性［J］.煤炭学报,

2021,46(9):2895-2909.

[23] 杨忠平,蒋源文,李诗琪.土石混合体-基岩界面剪切力学特性试验研究[J].岩土工程学报,2020,42(10):1947-1954.

[24] 韦康,王立峰,王珂,等.土岩组合深基坑桩撑式支护结构抗倾覆稳定性研究[J].浙江科技学院学报,2021,33(6):496-503.

[25] 严薇,杨超,左交明,等.土岩质基坑土层开挖稳定性计算[J].地下空间与工程学报,2015,11(1):246-250.

[26] AYIHENG H,CHENG J,PAN J Y. Study on slope stability and reinforcement measures of an earth-rock cofferdam on deep overburden foundation[J]. IOP Conference Series:Earth and Environmental Science,2019,218(1):1315-1755.

[27] 陈晗.覆盖土-风化岩层二元结构库岸边坡稳定性分析[J].人民珠江,2018,39(6):81-84.

[28] 刘涛,刘红军.青岛岩石地区基坑工程设计与施工探讨[J].岩土工程学报,2010,32(S1):499-503.

[29] 王孝宾.土岩二元地层深基坑施工稳定性分析研究[D].大连:大连海事大学,2019.

[30] CLOUGH G W,O' ROURKE T D. Construction induced movements of insitu walls. In Proceedings of the design and performance of cach retaining structures[J]. ASCE special confrence,1990:439-470.

[31] 吴佩轸,王明俊,彭严儒,等.连续壁变形行为探讨[C]//第七届大地工程学术研究讨论会,1997,1:601-608.

[32] 龚晓南,高有潮.深基坑工程施工设计手册[M].北京:中国建筑工业出版社,1998.

[33] 戴运祥,侯学渊,李象范.软地层中斜拉群锚特性的研究[J].岩土力学,1996,17(2):23-28.

[34] 赵赤云.预应力锚索锚固的作用分析[J].北京建筑工程学院学报,1999,15(2):84-88.

[35] 何思明,王成华,乔建平.预应力锚索群锚效应研究:理论与建模[J].中国科学:E辑,2003,33(Z1):101-109.

[36] ELICES M,VALIENTE A,CABALLERO L,et al. Failure analysis of prestressed anchor bars[J]. Engineering Failure Analysis,2012(24):57-66.

[37] 余瑜,刘新荣,刘永权.基坑锚索预应力损失规律现场试验研究[J].岩土力学,2019,40(5):1932-1939.

[38] 侯征,朱自强,许小燕,等.预应力锚索锚固力监测点经济高效布设方法研究[J].金属矿山,2019(11):54-61.

[39] 李厚恩,秦四清,孙强.基坑支护锚杆预应力损失探讨及预测分析[J].工程勘察,2007(4):7-10.

[40] 张晖.边坡加固工程锚索预应力的长期损失规律研究[D].广州:华南理工大学,2013.

[41] 景锋,余美万,边智华,等.预应力锚索预应力损失特征及模型研究[J].长江科学院院报,2007,24(5):52-55.

[42] 阮波,方理刚.煤系地层中锚索预应力监测分析[J].岩土力学,2005,26(2):315-318.

[43] 李宝平,张玉,李军.桩锚式支护结构的变形特性研究[J].地下空间与工程学报,2007,3(Z1):1291-1294.

[44] 任凯.兰州某深基坑桩锚支护结构施工监测与数值模拟分析[D].兰州:兰州交通大学,2015.

[45] 王浩,覃卫民,汤华.关于深基坑施工期监测现状的一些探讨[J].岩土工程学报,2006,28(Z1):1789-1793.

[46] 冯利坡,郑永来,赵民,等.信息化监测在深基坑工程事故中的预警作用[J].地下空间与工程学报,2009,5(A2):1643-1646.

[47] 刘涛.基于数据挖掘的基坑工程安全评估与变形预测研究[D].上海:同济大学,2007.

[48] 郑荣跃,曹茜茜,刘干斌,等.深基坑变形控制研究进展及在宁波地区的实践[J].工程力学,2011,28(Z2):38-53.

[49] 徐中华,王卫东.深基坑变形控制指标研究[J].地下空间与工程学报,2010,6(3):619-626.

第 2 章
CHAPTER 2

土石混合体与基岩沉积层面力学特性试验

　　土石混合体是由土体与不规则岩块混合形成的一种特殊地质介质,在我国山区广泛分布。重庆主城区由于受天然地形限制,土石混合体被广泛地用作填料填充到低洼场地,形成了大量土石混合体与基岩接触的坡地(图 2-1)。近年来,我国土岩界面失稳滑坡屡有发生,如甘肃舟曲江顶崖滑坡[1]、湖北英山县小米畈滑坡[2]、四川南江汽修汽配城滑坡[3]、陕西紫阳县高滩镇中心小学滑坡[4]。这些滑坡面的破坏模式不仅与土石混合体的物理力学特性密切相关,还与下伏基岩产状、土石混合体与基岩接触面抗剪强度等有关。

图 2-1　土石混合体与基岩接触的坡地

　　本章以重庆市轨道交通 10 号线二期工程兰花湖基坑为工程背景,通过室内土工试验对回填土和基岩的物理力学性质进行研究,探究土石混合体回填土-基岩接触面力学特性变化规律,为土岩复合地层深基坑数值模拟提供支撑。

2.1　土石混合体回填土的基本物理指标

2.1.1　现场取样

试验用土石混合体回填土试样取自重庆市轨道交通 10 号线二期工程兰花湖停车场基坑（图 2-2），其主要由粉质黏土和泥岩、砂岩块石组成。在取土过程中，为了尽可能保证室内试验的准确性和真实性，土样取完后立即用塑料薄膜对土样进行密封保存。

图 2-2　兰花湖停车场基坑

2.1.2　现场灌水试验

采用灌水法[5]对兰花湖停车场基坑土石混合体回填土的天然密度进行测试。现场灌水试验测密度是一种适用于现场测定粗粒土密度的方法，主要设备为储水桶和台秤；主要操作步骤包括挖掘试坑、称量挖出的试样、放置套环和塑料薄膜袋、注入水、记录水位高度等，最后根据公式计算土的密度。

其主要试验步骤如下：

（1）对测点处地表进行整平，继而开挖试坑，试坑为圆柱形，根据试样最大粒径，确定试坑直径为 25cm、深度为 30cm，用塑料薄膜将试坑四周包裹密实，防止因漏水造成的试验误差，如图 2-3 所示。

图 2-3　开挖试坑

（2）收集试坑开挖出的土石混合体，并用塑料薄膜包裹密实，称量并记录挖出试样的质量。

（3）对试坑进行灌水，并时刻记录灌水量，根据所用水的体积可得试坑的体积。

（4）根据现场灌水试验可得试坑内土石混合体的质量和体积，从而计算得出兰花湖停车场基坑现场土石混合体的天然密度为 $\rho = 1.99\mathrm{g/cm^3}$。

2.1.3 含水率试验

含水率试验目的是测定土样在自然状态下或经过处理后所含水分的百分比。按照《土工试验方法标准》（GB/T 50123—2019）[5]中的规定，现场取样后立刻通过烘干法测试回填土的含水率。为了减小测量误差，共进行 4 组平行试验。由于试样为土石混合体，部分颗粒尺寸较大，为了更好地反映样品的真实含水率，通过四分法取样，每组试验样品质量为 1kg。为保证烘干效果，将试样平摊在不锈钢托盘上，然后，将托盘放入温度为 105℃的烘箱中，恒温烘干 24h 后称量土样（图 2-4、图 2-5）。回填土含水率按照式（2-1）进行计算，计算结果精确至 0.1%。

$$w = \left(\frac{m_0}{m_d} - 1 \right) \times 100 \tag{2-1}$$

式中：w——含水率（%）；

m_0——烘干前土体质量（g）；

m_d——烘干后土体质量（g）。

图 2-4 烘箱

图 2-5 称量土样

土石混合体回填土含水率如表 2-1 所示，取算术平均值作为土石混合体回填土天然的含水率。从表中可以看出，土石混合体回填土实际含水率 $w = 6.95\%$。结合灌水试验，土石混合体回填土干密度为 $\rho_d = 1.8\mathrm{g/cm^3}$。

土石混合体回填土含水率试验结果   表2-1

土样编号	烘干前质量(g)	烘干后质量(g)	含水率(%)	允许平行误差(%)	平均含水率(%)
HS-1	1000	930.12	6.99		
HS-2	1000	931.05	6.90		
HS-3	1000	930.43	6.96	0.5	6.95
HS-4	1000	930.63	6.94		

注:含水率为小于10%、10%~40%、大于40%时允许的平行误差分别为±0.5%、±1.0%、±2.0%。

2.1.4　土样颗粒筛分试验

考虑室内试验仪器尺寸的限制,本节采用筛分法对土石混合体回填土的颗粒粒径大小以及级配特征进行测试。将土样烘干后进行碾压,为了减小误差,通过四分法将土样分成4组进行筛分。由于回填土颗粒粒径差异明显,部分颗粒粒径较大,根据表2-2确定每组试样质量为5000g。筛分试验选取的标准筛孔径组合为0.075mm、0.15mm、0.3mm、0.6mm、1.18mm、2.36mm、4.75mm、9.5mm、13.2mm、16mm、19mm、25mm、40mm、60mm(图2-6)。之后,称量各粒径区间土样颗粒质量。筛分试验中,筛分后各粒径土样总质量与筛分前土样质量的差值不能超过土石混合体回填土总质量的1%。

粒径区间数量要求   表2-2

试样最大颗粒粒径范围(mm)	试样质量选取范围(g)
粒径小于2	100~300
粒径小于10	300~1000
粒径小于20	1000~2000
粒径小于40	2000~4000
粒径小于60	大于4000

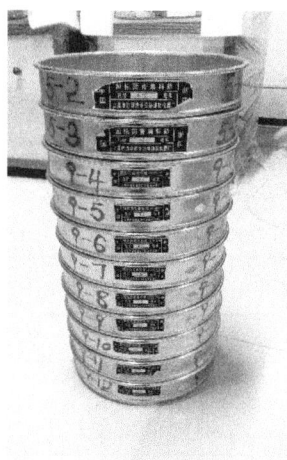

a)现场筛分   b)样本筛分结果

图2-6　现场筛分与筛分结果

通过式(2-2)计算各粒径的颗粒相对含量百分比,取三组试验结果的算数平均值作为土石混合体回填土的天然级配。土石混合体回填土粒径级配见表2-3。

$$X = \frac{m_A}{m_B} \tag{2-2}$$

式中:X——小于某粒径的试样质量占总质量的百分比(%);

m_A——小于某粒径的试样质量(g);

m_B——土石混合体回填土总质量(g)。

天然土石混合体回填土各粒径颗粒所占百分比见表2-4。基于筛分试验,对天然土石回填土混合体的颗粒分布情况和级配进行了分析。图2-7为天然土石混合体回填土的级配曲线。从图中可以看出,三组试样级配曲线比较接近,证明筛分实验误差较小,其结果可以反映实际状态下土石混合体回填土的级配特征。

天然土石混合体回填土粒径分布表　　　　　　　　　表2-3

筛径(mm)	JP-1(g)	JP-2(g)	JP-3(g)	平均值(g)
<0.075	96.25	94.35	86.6	92.4
0.75~0.15	126.68	125.6	108.98	120.42
0.15~0.3	142.83	128.88	141.6	137.77
0.3~0.6	302.52	296.85	304.35	301.24
0.6~1.18	137.77	145.33	130.21	137.77
1.18~2.36	311.75	339.61	332.4	327.92
2.36~4.75	747.77	777.26	782.81	769.28
4.75~9.5	956.09	936.17	946.01	946.09
9.5~13.2	506.73	484.57	495.89	495.73
13.2~16	264.05	246.31	261.26	257.21
16~19	229.92	245.68	234.98	236.86
19~25	392.12	399.45	408.4	399.99
25~40	301.91	297.16	300.65	299.91
40~60	346.47	345.64	328.7	340.27
>60	139.11	136.65	135.45	137.11

天然土石混合体回填土各粒径颗粒所占百分比分布表　　　　表2-4

筛径(mm)	JP-1(g)	JP-2(g)	JP-3(g)	平均值(g)
<0.075	1.92	1.89	1.85	1.89
0.75~0.15	2.53	2.51	2.41	2.48
0.15~0.3	2.86	2.58	2.76	2.73
0.3~0.6	6.05	5.94	6.03	6

续上表

筛径(mm)	JP-1(g)	JP-2(g)	JP-3(g)	平均值(g)
0.6~1.18	2.75	2.91	2.76	2.81
1.18~2.36	6.23	6.79	6.56	6.53
2.36~4.75	14.95	15.55	15.39	15.3
4.75~9.5	19.11	18.73	18.93	18.92
9.5~13.2	10.13	9.69	9.92	9.91
13.2~16	5.28	4.93	5.15	5.12
16~19	4.6	4.91	4.74	4.75
19~25	7.84	7.99	8	7.94
25~40	6.04	5.94	6	5.99
40~60	6.93	6.91	6.81	6.88
>60	2.78	2.73	2.74	2.75

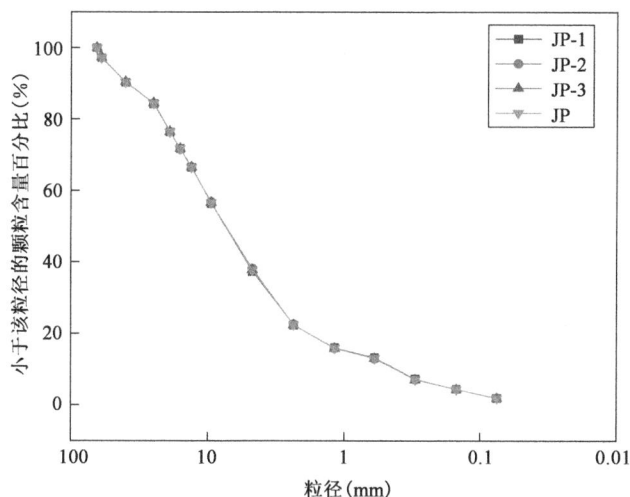

图 2-7　天然土石混合体回填土的级配曲线

2.1.5　级配缩尺

由于试验设备条件的限制,进行室内三轴试验及土岩界面直剪试验时需对原状土样颗粒级配进行缩尺。根据《土工试验方法标准》(GB/T 50123—2019)[5]采用混合法对原状土样进行缩尺,缩尺过程中基于仪器所允许最大粒径采用相似级配法将原状粒径进行缩小,再采用等量替代法将超粒径等量替换成粒径在 5mm 以上及仪器所允许最大粒径以下的粗粒料,缩尺级配中最大块石粒径为 40mm。相似级配法和等量替代法可按式(2-3)~式(2-5)计算,缩尺后的级配曲线如图 2-8 所示。

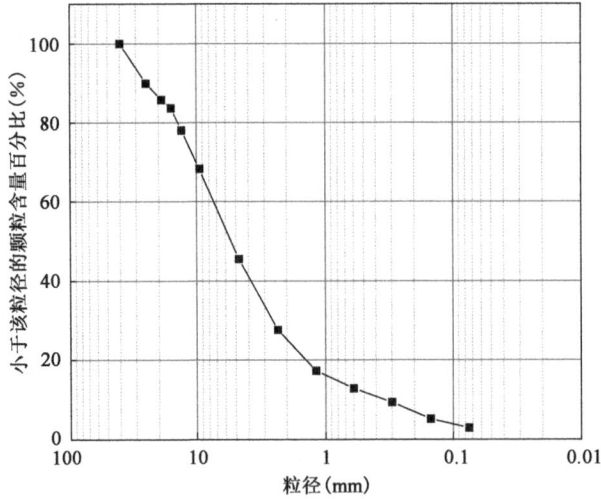

图 2-8　缩尺后的级配曲线

相似级配法：

$$n_d = \frac{d_{o\,max}}{d_{max}} \tag{2-3}$$

$$X_{dn} = \frac{X_{do}}{n_d} \tag{2-4}$$

式中：n_d——粒径缩小倍数；

　　$d_{o\,max}$——原粒径中的最大粒径（mm）；

　　d_{max}——仪器所允许最大粒径（mm）；

　　X_{dn}——缩尺后小于某粒径的颗粒含量（%）；

　　X_{do}——原粒径中小于某粒径的颗粒含量（%）。

等量替代法：

$$X_i = \frac{X_{oi}}{P_5 - P_{d\,max}} p_5 \tag{2-5}$$

式中：X_i——等量替换后某粒组含量（%）；

　　X_{oi}——原粒径中某粒组含量（%）；

　　$P_{d\,max}$——超粒径颗粒含量（%）；

　　p_5——粒径大于 5mm 颗粒含量（%）。

通过式（2-6）和式（2-7）求解缩尺后的土石混合体回填土的级配指标（不均匀系数和曲率系数），结果如表 2-5 所示。

$$C_u = \frac{d_{60}}{d_{10}} \tag{2-6}$$

$$C_c = \frac{d_{30}^2}{d_{60}d_{10}} \tag{2-7}$$

式中：C_u——不均匀系数；

　　C_c——曲率系数；

　　d_{10}——有效粒径（mm），即土石混合体回填土中小于该粒径的颗粒占土石混合体回填土总质量的 10%；

d_{60}——控制粒径（mm），即土石混合体回填土小于该粒径的颗粒占土石混合体回填土总质量的 60%。

缩尺后土石混合体回填土的级配指标 表2-5

不均匀系数 C_u	曲率系数 C_c	含石量 P
21.88	3.12	53.26%

从表2-5 中可以看出，缩尺后的土石混合体回填土的不均匀系数 $C_u = 21.88 \geqslant 5$，为不均匀土；$C_c = 3.12 > 3$，表明该土石混合体回填土级配不良。

根据徐文杰[6]的研究可知，土石混合体回填土中"土"和"石"的划分是根据其颗粒粒径大小来确定的。通过查阅文献可知，目前土石阈值一般为5mm，即对于土石混合体回填土而言，颗粒粒径大于5mm 的为"石"，颗粒粒径小于5mm 的为"土"。因此，根据筛分试验可得出土石混合体回填土的含石量 P，如表2-5 所示，为了简化计算，在之后的试验中统一取土石混合体回填土的天然含石量为 $P = 53.26\%$。

2.2 直剪试验设备和材料

2.2.1 试验设备

试验用直剪仪为大型粗粒土压缩直剪仪 ZJ50-2G，仪器主要由外部刚性框架、上下剪切盒、水平和垂直加载系统、数据采集装置和油泵系统等组成，如图2-9 所示。上下剪切盒尺寸均为 300mm×300mm×200mm，最大垂直荷载和最大水平荷载均可达 700kN，最大水平位移为15cm，剪切速率为 0.1~5mm/min。仪器采用数字控制系统，可实现自动化采集数据。

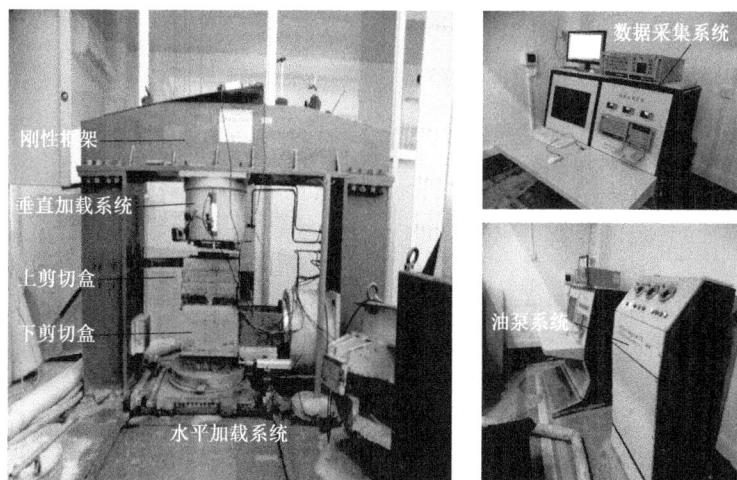

图2-9 压缩直剪试验系统

2.2.2 试验方案

土石混合体-基岩界面的抗剪强度是控制坡体稳定性的重要参数之一,也是工程设计的重要参数。土石混合体-基岩界面和岩体结构面在本质上都属于接触界面,接触面力学性质的研究是解决土石混合体与结构相互作用问题的前提和基础,而且接触面的起伏高度是影响接触面力学性质的重要因素[7-10]。重庆地区岩层主要由砂岩和泥岩组成,对于土石混合体回填土-基岩坡体,下部岩体在回填之前就存在不同程度的风化,而且部分岩石风化程度较高,甚至开始向土过渡。因此,结合兰花湖停车场基坑工程背景,为了较全面地研究土石混合体回填土-基岩接触面的受力变形破坏过程,本次试验主要考虑两侧岩土体的物理性质对土岩接触面剪切强度的影响,研究接触面界面岩性、起伏高度、法向压力大小对土-岩接触面的剪切强度的影响。具体试验方案见表2-6。

试验方案　　　　　　　　　　　　　　　　　　　　　　　　表2-6

试验编号	基岩岩性	法向压力(kPa)	起伏高度(mm)
1-1-1	砂岩	200	5
1-1-2		400	
1-1-3		600	
1-1-4		800	
1-1-5		200	10
1-1-6		400	
1-1-7		600	
1-1-8		800	
1-1-9		200	15
1-1-10		400	
1-1-11		600	
1-1-12		800	
2-1-1	泥岩	200	5
2-1-2		400	
2-1-3		600	
2-1-4		800	
2-1-5		200	10
2-1-6		400	
2-1-7		600	
2-1-8		800	
2-1-9		200	15
2-1-10		400	
2-1-11		600	
2-1-12		800	

试验方案中,法向应力的选择是根据兰花湖停车场基坑深度而定的,模拟了深度分别为10m、20m、30m、40m 的法向荷载。本试验尺度属于粗粒土范畴,试验剪切属于慢剪,陆勇[11]建议大型直剪试验的剪切速率采用0.02~1.2mm/min,本试验采用0.8mm/min 的剪切速率,根据《水电水利工程粗粒土试验规程》(DL/T 5356—2006)[12],当剪切位移为60mm(试样长度的20%)时终止试验。

2.2.3 试样制备

(1)基岩的制备

工程地质学中,土岩接触面按起伏高度的几何形态可分为平直状、台阶状、锯齿状和波浪状。天然岩石表面往往由这4种形态的不同组合形成,结合工程现场实际地质情况,本次试验主要设计了3种波浪起伏形态的土岩接触面,如图2-10 所示。

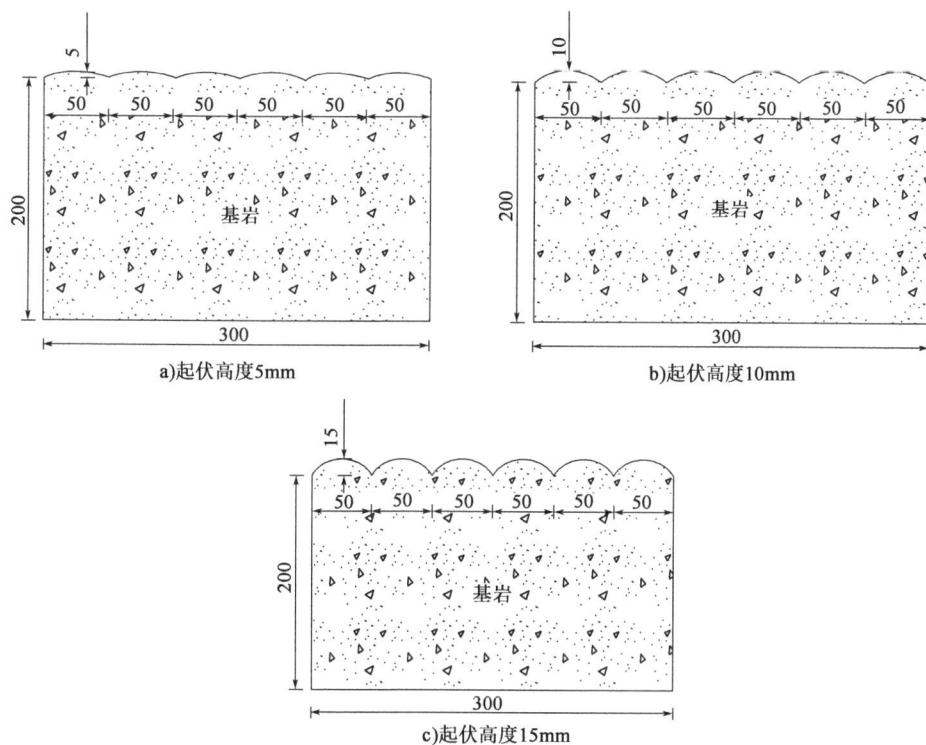

a)起伏高度5mm

b)起伏高度10mm

c)起伏高度15mm

图2-10 3种波浪起伏形态的土岩接触面(尺寸单位:mm)

原岩试样取自兰花湖停车场基坑现场(图2-11),试件加工过程主要包括岩石切割、水刀切割和试件打磨三个过程,如图2-12 所示。将基坑现场选取的砂岩和泥岩切割成块状,采用数控万能平面水刀切割机,按照设计好的基岩切割面尺寸对块状基岩进行精细化切割,形成试件的基本轮廓及起伏形状。然后,采用手持打磨砂轮进行精平,打磨过后试件平整顺直,符合试验要求。图2-13、图2-14 为打磨后的具有规则起伏高度的砂岩和泥岩试样。

图 2-11　基岩取样

a)岩石切割　　　　　　　　　　　　b)水刀切割

c)试件打磨

图 2-12　试件加工过程

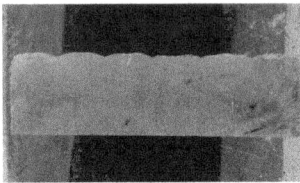

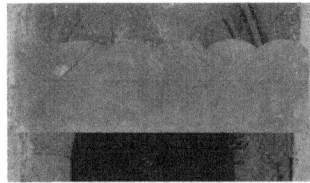

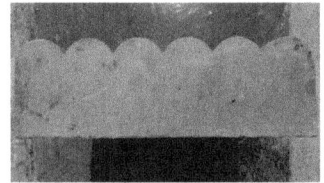

a)起伏高度5mm　　　　　　b)起伏高度10mm　　　　　　c)起伏高度15mm

图 2-13　具有规则起伏高度的砂岩

a)起伏高度5mm　　　　　　b)起伏高度10mm　　　　　　c)起伏高度15mm

图 2-14　具有规则起伏高度的泥岩

（2）土样的制备与装样

《土工试验方法标准》（GB/T 50123—2019）[5]规定粗粒土直剪试验中试样最大颗粒粒径不应大于剪切盒边长的1/5。本次直剪试验土石混合体最大粒径为40mm。根据图2-8缩尺后的级配曲线确定各粒组颗粒的质量，按照土样天然含水率将所需的水分3次均匀地喷洒在土样表面，然后将材料混合均匀（图2-15）。为了使土样达到干湿均匀，将混合均匀的土样密封养护24h。

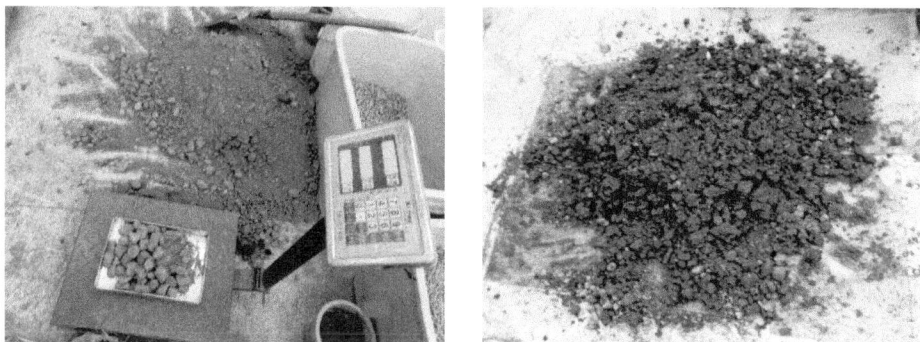

图2-15 土石混合体的制备

装样时，基岩放入下剪切盒，土样放入上剪切盒。如图2-16所示，为了保证每组试样压实效果一样，经过多次击实试验的试算，确定试样制作过程中的击实方法，即土石混合体分3层加入上剪切盒，每层质量为12kg，每层击实15次，层与层之间做凿毛处理。

图2-16 土样的击实

2.2.4 土石混合体回填土三轴试验

直接剪切试验前，为了准确获得土石混合体回填土的强度参数，采用YS30-3B型粗粒土大型三轴试验机开展三轴剪切试验（图2-17）。本次回填土三轴剪切试验围压分别为200kPa、400kPa和600kPa，剪切后的应力-应变曲线如图2-18所示。

根据应力-应变曲线，采用莫尔-库仑强度破坏理论计算回填土的抗剪强度指标，结果如表2-7所示。

图 2-17　YS30-3B 型粗粒土三轴试验系统

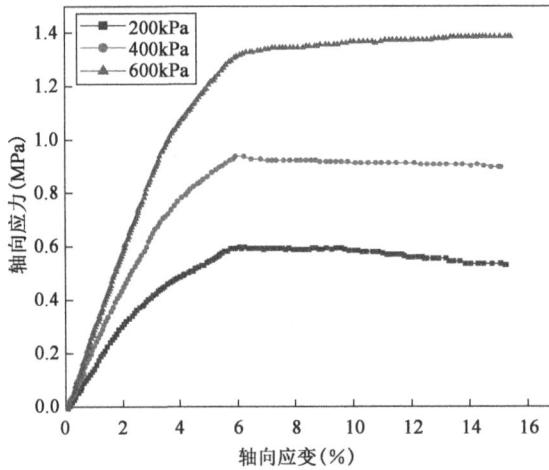

图 2-18　剪切后的回填土三轴应力-应变曲线

回填土三轴试验结果　　　　　　　　　　　　　　　　表 2-7

试件编号	围压(kPa)	剪切应力(MPa)	黏聚力(kPa)	内摩擦角(°)
1	200	0.57		
2	400	0.91	14.28	22
3	600	1.36		

2.2.5　基岩的基本性质

为了准确获得基坑基岩的力学性质,在室内开展砂岩和泥岩的单轴压缩试验和三轴压缩试验。图 2-19 所示为现场所取砂岩和泥岩岩芯,将取出的岩芯用保鲜膜包裹严实,经加工制作成 $\phi50\text{mm} \times 100\text{mm}$ 的标准试件。

图 2-19　现场所取岩芯

试验仪器采用 RMT-150C 岩石力学试验系统(图 2-20)开展单轴压缩试验和三轴压缩试验。

图 2-20　RMT-150C 岩石力学试验系统

进行单轴试验时,将试样置于压力机上进行无侧限加载,泥岩和砂岩的单轴压缩试验的应力-应变曲线如图 2-21 所示。单轴抗压强度取应力-应变曲线的峰值应力,弹性模量 E 取应力-应变曲线线弹性阶段的斜率,泊松比 μ 则取轴向应力为峰值应力 50% 的横向应变与轴向应变的比值。泥岩和砂岩的单轴抗压强度、弹性模量和泊松比的试验结果见表 2-8。

单轴压缩试验结果　　　　　　　　　　　　　　　　　表 2-8

试件编号		单轴抗压强度(MPa)		弹性模量(GPa)		泊松比 μ	
		样本值	平均值	样本值	平均值	样本值	平均值
泥岩	1	11.45		1175		0.14	
	2	9.32	9.97	1283	1126.67	0.18	0.16
	3	9.16		922		0.15	
砂岩	1	35.02		4850.93		0.142	
	2	31.57	31.02	4314.72	4510.37	0.158	0.15
	3	26.49		4365.48		0.146	

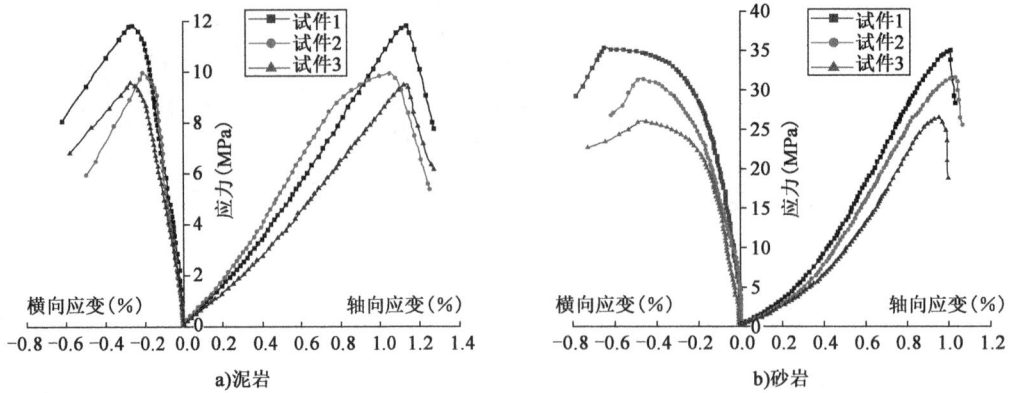

图 2-21 泥岩和砂岩单轴应力-应变曲线

三轴试验分为两组：一组为泥岩试样，另外一组为砂岩试样。泥岩围压分别为 2.5MPa、5MPa、7.5MPa，砂岩围压分别为 5MPa、7.5MPa、10MPa。泥岩和砂岩的应力-应变曲线如图 2-22 所示，泥岩和砂岩的黏聚力分别为 0.14MPa 和 0.79MPa，内摩擦角分别为 53.10° 和 61.35°，如表 2-9 所示。

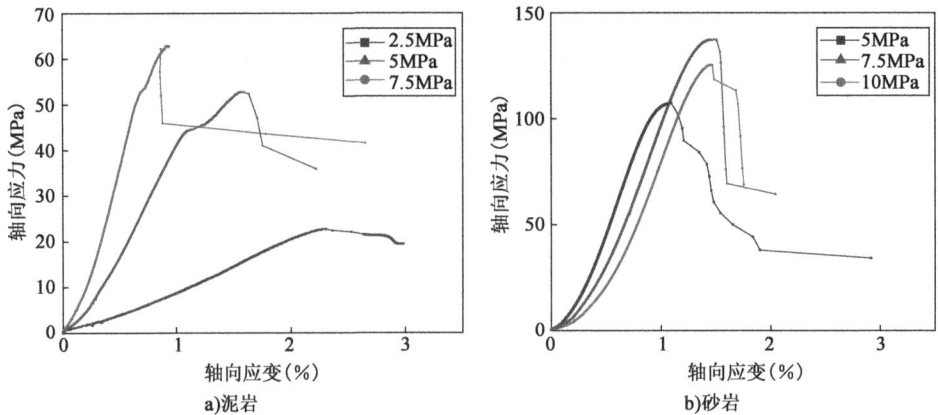

图 2-22 泥岩和砂岩的三轴应力-应变曲线

三轴试验结果   表 2-9

试件	围压(MPa)	峰值强度(MPa)	黏聚力(MPa)	内摩擦角(°)
泥岩	2.5	22.73	0.14	53.10
	5	52.72		
	7.5	58.81		
砂岩	5	107.22	0.79	61.35
	7.5	125.30		
	10	137.41		

2.3 土石混合体-基岩接触面剪切试验结果分析

2.3.1 土石混合体-基岩接触面变形特性

（1）接触面剪切应力-剪切位移

采用室内大型直剪试验获得土石混合体回填土与基岩沉积层界面剪切应力-位移曲线，如图2-23、图2-24所示。从图中可以看出，不论是砂岩界面还是泥岩界面，法向压力都是影响土石混合体-基岩接触面力学特性的重要因素。土石混合体与泥岩接触面或砂岩接触面的剪切应力-剪切位移曲线变化规律大致一样，表现为非线性。当法向压力为200kPa时，曲线呈应变软化特征，整个曲线可以划分为4个阶段：①剪密阶段，随着剪切位移的增加，剪切应力急速增加，曲线向上凸起；②弹性阶段，剪切应力与剪切位移的曲线是线性的；③应变硬化阶段，剪切应力随着剪切位移的增加继续增大，但增加速率逐渐放缓；④应变软化阶段，随着剪切位移的增加，剪切应力呈下降趋势。当法向压力为400kPa时，应力-应变曲线呈现塑性应变特征。当法向压力大于600kPa时，土石混合体-基岩接触面没有明显的峰值应力出现，当剪切位移小于40mm时，剪切应力增长较快，之后剪切应力趋于稳定，曲线呈现应变硬化特征。此外，不论是砂岩还是泥岩接触界面，随着法向压力的增加，应力-应变曲线的应变硬化特征逐渐增强。分析其原因，在低法向压力作用下，随着剪切的进行，土岩接触界面处颗粒以转动和翻转为主，土石混合体中颗粒破碎程度较低；在高法向压力作用下，接触面附近的颗粒在剪切中爬坡、翻转或滚动后形成密实结构，导致应力-应变曲线硬化特征逐渐加强。

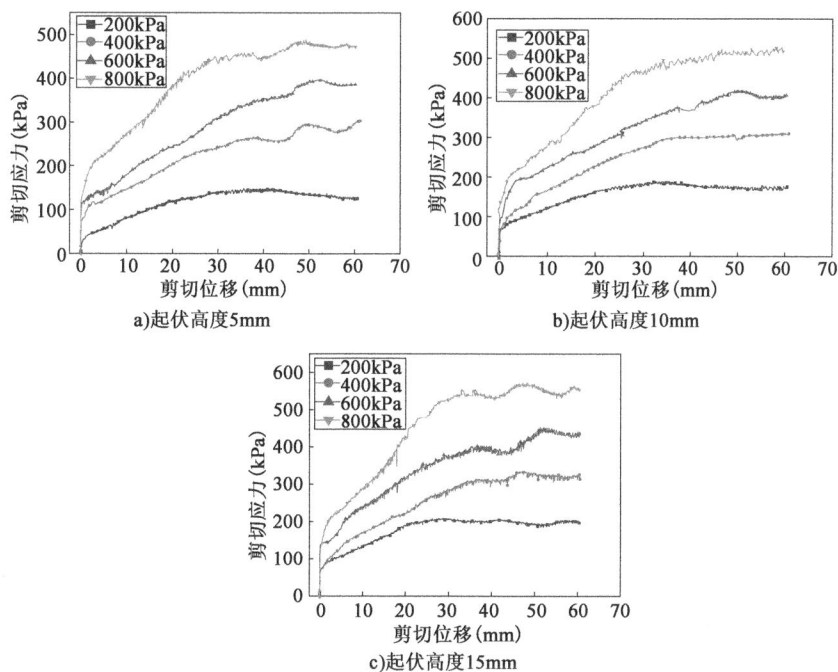

a）起伏高度5mm

b）起伏高度10mm

c）起伏高度15mm

图2-23 接触面剪切应力-应变曲线（基岩为砂岩）

a)起伏高度5mm

b)起伏高度10mm

c)起伏高度15mm

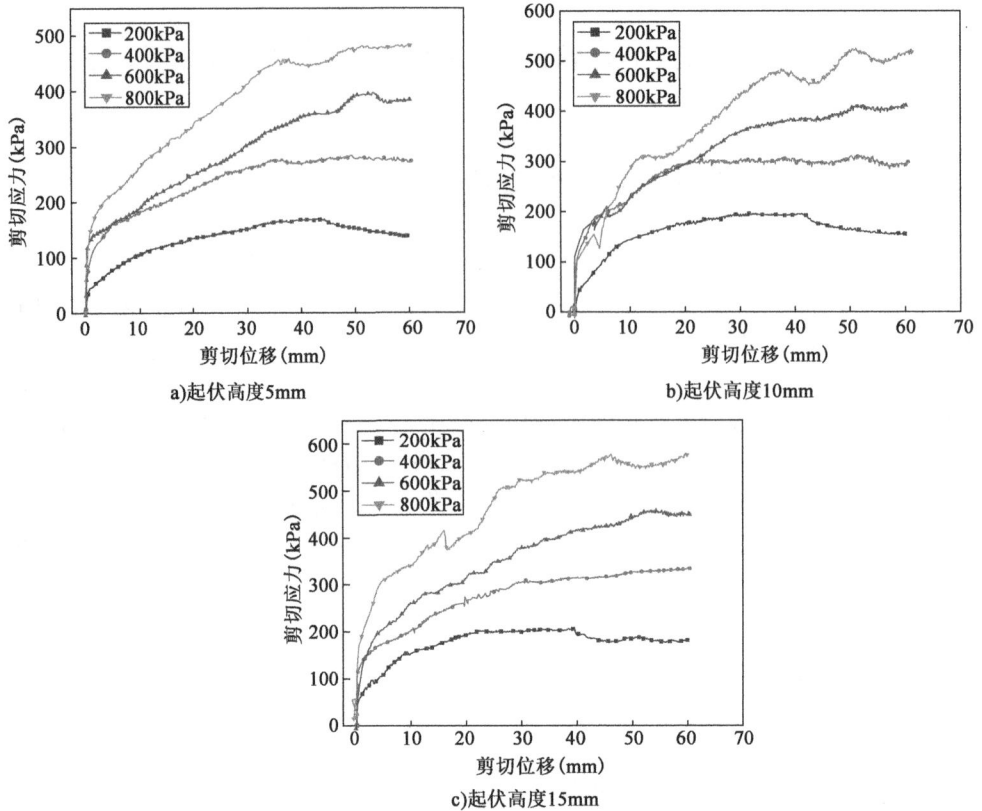

图 2-24 接触面剪切应力-应变曲线(基岩为泥岩)

　　根据抗剪强度取值的相关规定:采用抗剪强度取剪切应力-位移关系曲线上的峰值作为抗剪强度时,如果曲线没有明显峰值,则取剪切位移达到试样直径或长度的10%处的剪切应力作为抗剪强度。不同法向压力条件下,土石混合体-基岩界面剪切强度如表 2-10 所示,并根据表 2-10 所获得的抗剪强度绘制成图 2-25 所示法向压力与抗剪强度的关系曲线。

抗剪强度取值表

表 2-10

基岩	法向压力(kPa)	抗剪强度(kPa)		
		5mm	10mm	15mm
砂岩	200	147.84	189.21	208.88
	400	245.55	274.53	286.66
	600	317.77	341.11	368.88
	800	441.65	471.85	529.23
泥岩	200	169.59	195.45	206.51
	400	261.11	302.22	309.07
	600	302.89	358.88	378.88
	800	412.88	437	521.11

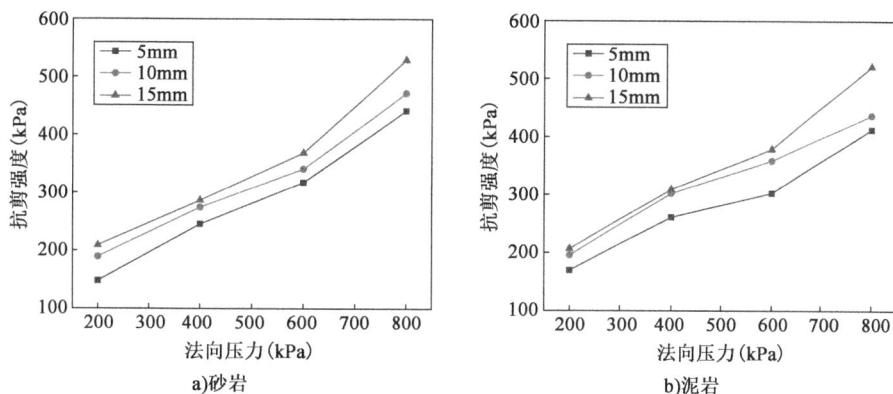

图 2-25 法向压力与抗剪强度的关系

由图 2-25 可看出,土岩接触面的抗剪强度与法向压力呈线性递增关系,即在基岩接触面起伏高度一定的情况下,抗剪强度随着法向压力增大而逐渐增大。这是因为随着法向压力的增大,土石混合体之间变得更加紧密,颗粒之间的孔隙减小。此外,接触面附近的颗粒在剪切过程中不断爬升、翻转,导致土颗粒之间和土颗粒与下层基岩之间的摩擦力不断增加。

(2)接触面竖向位移-剪切位移

针对土石混合体-基岩接触面剪切过程中的竖向位移与剪切位移,规定竖向位移向下为正、向上为负。图 2-26 和图 2-27 为不同法向压力下的回填土-基岩界面相对竖向位移与剪切位移的关系曲线。

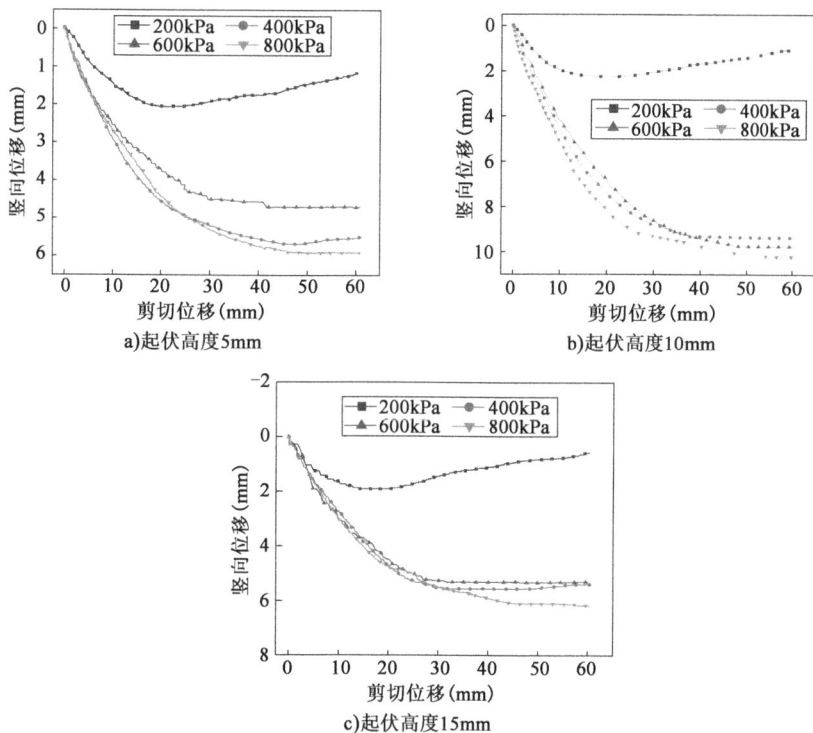

图 2-26 接触面竖向位移与剪切位移的关系(基岩为砂岩)

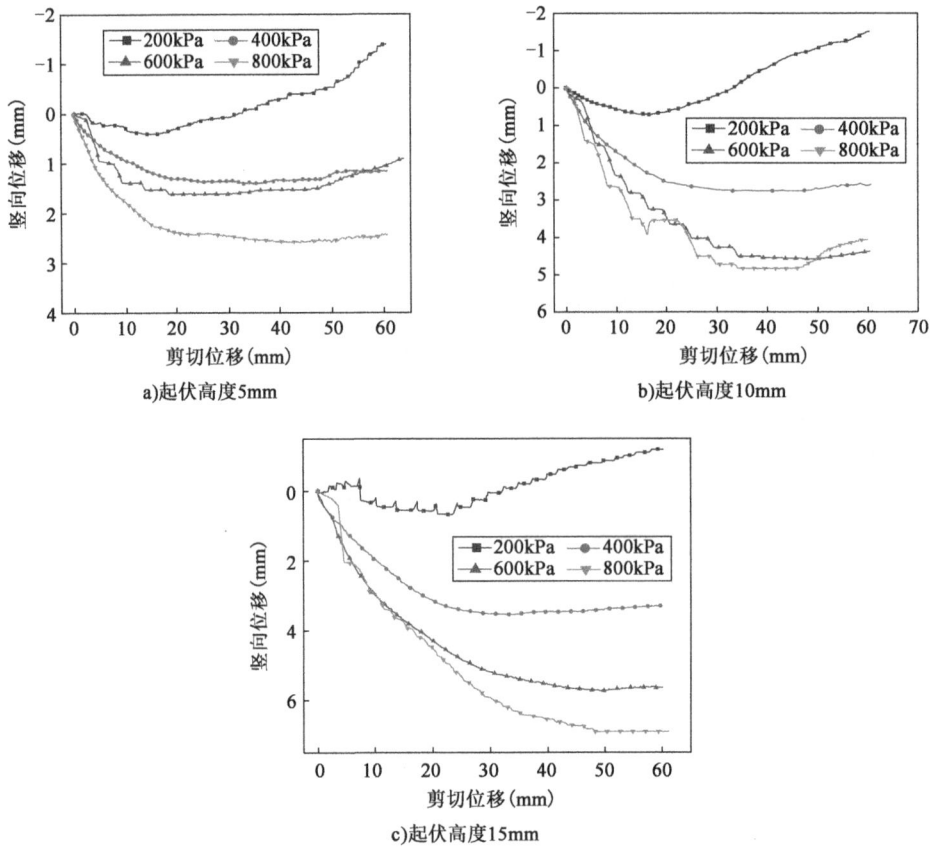

a)起伏高度5mm

b)起伏高度10mm

c)起伏高度15mm

图2-27 接触面竖向位移与剪切位移的关系(基岩为泥岩)

由图2-26和图2-27可知,当法向压力为200kPa时,砂岩和泥岩的竖向位移随着剪切位移的增加均呈先增大后减小的变化规律。当剪切位移为60mm时,泥岩的竖向位移为负值,而砂岩的竖向位移为正值,表明泥岩在剪切过程中先剪缩后剪胀,砂岩在剪切过程只产生剪缩。当法向压力大于200kPa时,接触面均发生剪缩效应,且法向压力越大,剪缩效应越明显。当剪切位移小于30mm时,竖向位移不断减小,之后趋近于稳定值。此外,当界面起伏高度和法向压力相同时,砂岩界面最终的竖向位移大于泥岩界面的竖向位移;当界面岩性与法向压力相同时,竖向位移随着界面起伏高度的增加不断增大。

在法向压力作用下,剪切初期的土石混合体颗粒主要以向下滑移为主,颗粒之间的孔隙逐渐变小,该阶段主要发生剪缩效应;随着剪切位移的增大,颗粒之间随着法向压力的增大除继续向下移动外,颗粒将克服摩擦阻力,产生翻转、滚动,颗粒破碎程度明显增加。法向压力越大,颗粒被挤压得越密实,剪缩效应越明显。当法向压力较低时,经过初期剪切,颗粒主要以翻转、滚动、爬坡为主,颗粒破碎较少,颗粒翻越基岩凸起的波峰,体积增大,发生剪胀效应;砂岩界面与泥岩界面在低法向压力作用下体积变化存在差异,这是因为泥岩强度较低。剪切过程中,颗粒在滚动、爬坡的过程中,泥岩颗粒凸起部分被破坏(图2-28),颗粒增加,体积增大,剪胀效应明显,而砂岩强度较高,接触面几乎不破坏,因此剪切过程中砂岩界面体积略微增大。

由于界面起伏高度越大,基岩面凸起也就越高;接触面附近的土石混合体颗粒需要克服的摩擦力越大,颗粒产生变形破碎就越明显,翻越基岩凸起后破碎的颗粒填充到孔隙中,导致体积减小,因此基岩面起伏高度越大,剪缩效应越明显。

图 2-28 界面破碎程度

2.3.2 岩石类型对接触面剪切特性的影响

本节在保持基岩面起伏度一致的情况下,探究基岩类型对接触面剪切特性的影响。本节以基岩面起伏度 5mm 为例,探究基岩面分别为砂岩和泥岩时对接触面强度特性的影响。图 2-29 为不同法向压力下接触面应力-应变曲线。从图中可以看出,基岩岩性对接触面抗剪强度的影响很大:在低法向压力(200kPa、400kPa)条件下,泥岩界面抗剪强度比砂岩界面抗剪强度大;在高法向压力(600kPa、800kPa)条件下,砂岩和泥岩的界面抗剪强度比较接近。这是因为泥岩强度远小于砂岩强度,导致剪切作用过程中泥岩界面凸起部分在上部土石混合体颗粒作用下被破坏,表面由光滑变为毛糙,颗粒与基岩之间的咬合力加大,泥岩界面抗剪强度变大;而在高法向压力作用下,土岩之间被挤压密实,剪切界面主要发生颗粒破碎,因此砂岩和泥岩界面抗剪强度较为接近。

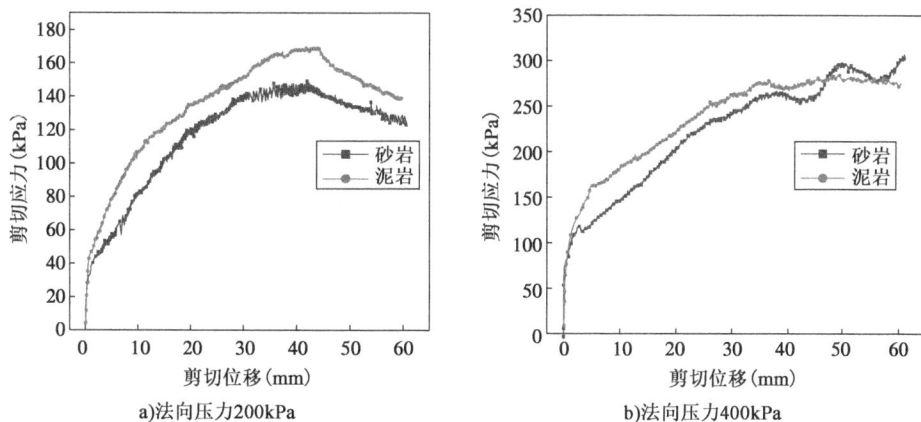

a)法向压力200kPa

b)法向压力400kPa

图 2-29

c)法向压力600kPa　　　　　　　　d)法向压力800kPa

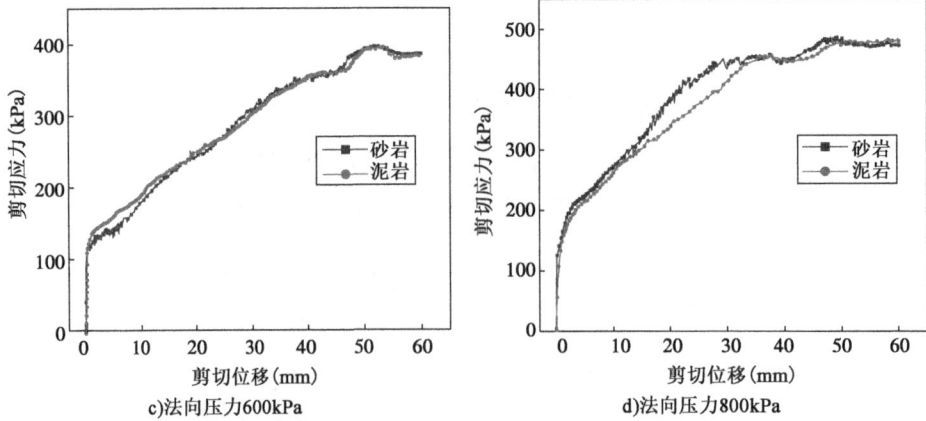

图 2-29　不同法向压力下接触面应力-应变曲线

2.3.3　界面起伏高度对接触面剪切特性的影响

图 2-30 和图 2-31 分别为砂岩界面和泥岩界面不同起伏高度下的应力-应变曲线。从图中可以看出,当法向压力为 200kPa 时,土石混合体-基岩界面抗剪强度为应变软化,当法向压力大于 200kPa 时,应力-应变曲线均未出现峰值应力。

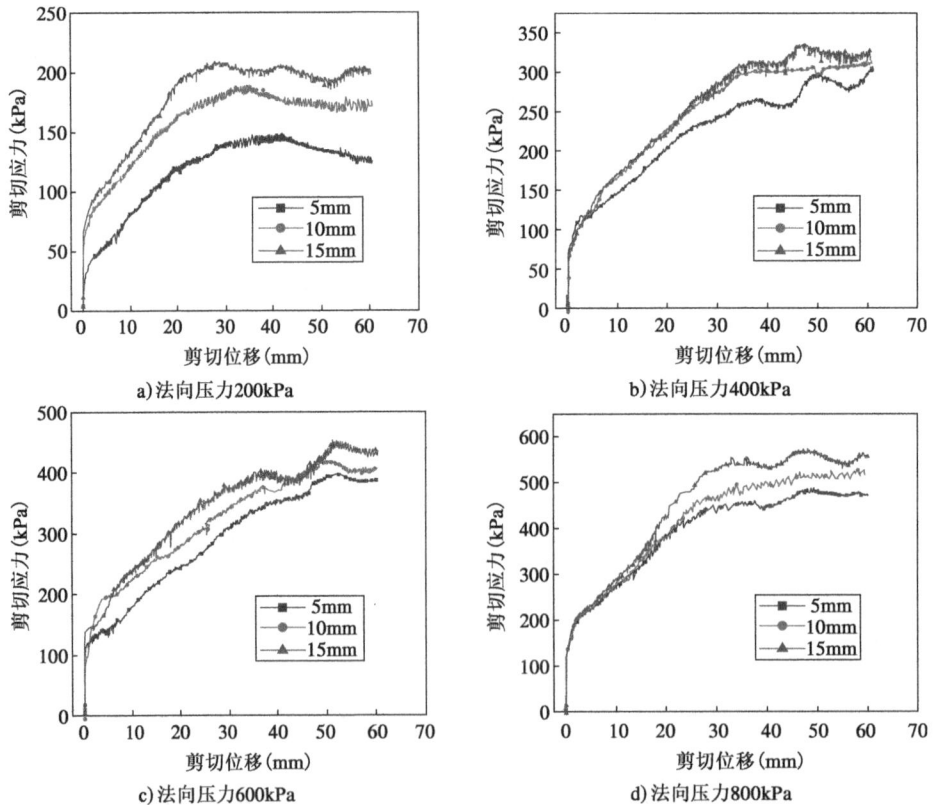

a)法向压力200kPa　　　　　　　　b)法向压力400kPa

c)法向压力600kPa　　　　　　　　d)法向压力800kPa

图 2-30　砂岩界面不同起伏高度下的应力-应变曲线

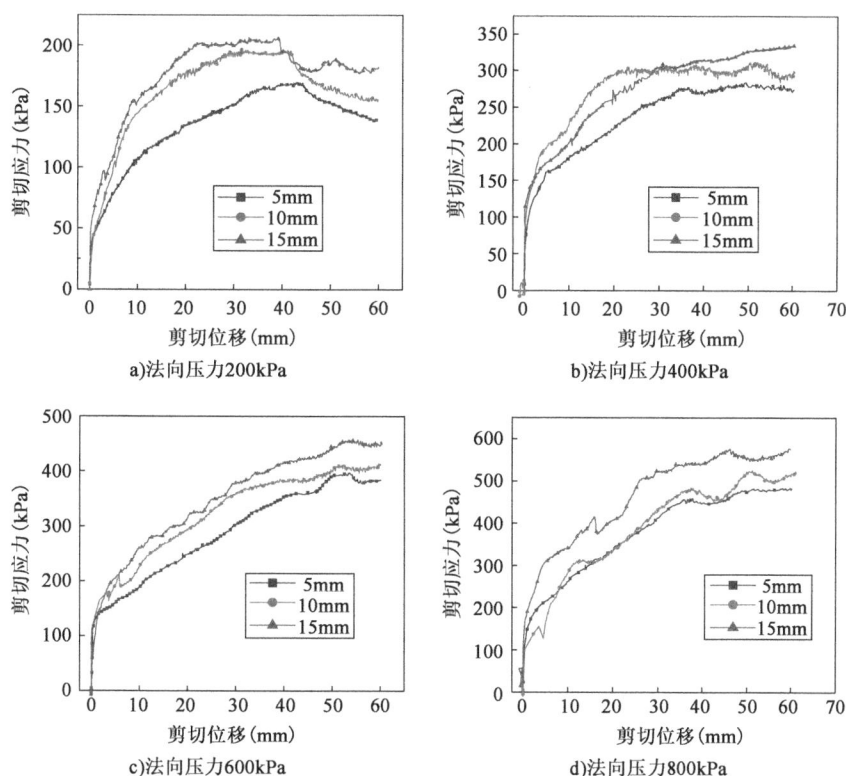

a)法向压力200kPa

b)法向压力400kPa

c)法向压力600kPa

d)法向压力800kPa

图2-31 泥岩界面不同起伏高度下的应力-应变曲线

图2-32为接触面抗剪强度与界面起伏高度的关系曲线。当法向压力相同时,抗剪强度随着接触界面起伏高度的增加不断提高。当法向压力不大于600kPa时,接触面抗剪长度均随着界面起伏高度增大而增大,但曲线斜率不断减小,即界面起伏度对接触面抗剪强度的影响逐渐减小。当法向压力为800kPa时,曲线随着界面起伏度增大而变陡,即界面起伏高度对接触面抗剪强度的影响变大。以砂岩界面为例,界面起伏高度从5mm增加到10mm再增加到15mm的过程中,当法向压力为200kPa时抗剪强度增量分别为27.98%和10.39%;法向压力为400kPa时,抗剪强度增量分别为11.80%和4.41%;法向压力为600kPa时,抗剪强度增量分别为8.14%和7.34%;法向压力为800kPa时的抗剪强度增量分别为6.83%和12.16%。

在剪切过程中,土-岩接触面抗剪强度主要来自两个方面:一是克服土石混合体颗粒之间的咬合力与摩擦力,二是克服土石混合体与基岩之间的咬合力和摩擦力,基岩面起伏度越大、越粗糙,颗粒之间咬合作用就越强,摩擦力也越大,同时颗粒在翻越基岩面起伏突起部分时需要克服更多竖向挤压阻力,从而使抗剪强度增大。

2.3.4 界面起伏高度对接触面抗剪强度指标的影响

由图2-32可看出,界面起伏高度与接触面抗剪强度呈线性递增关系,参考已有研究[13-15],本次试验采用莫尔-库仑破坏准则来描述土-岩界面抗剪强度指标黏聚力和内摩擦角。表2-11

为土石混合体-基岩接触面黏聚力 c 和内摩擦角 φ 的参数。图 2-33 为界面起伏高度与黏聚力和内摩擦角的关系曲线。

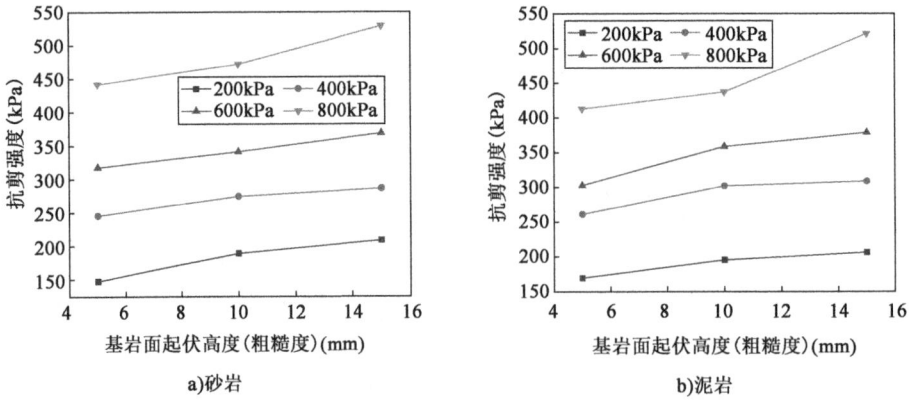

a)砂岩　　　　　　　　　　　　b)泥岩

图 2-32　接触面抗剪强度与界面起伏高度的关系曲线

土-岩界面抗剪强度参数　　　　　　　　　　　表 2-11

基岩	界面起伏高度（mm）	抗剪强度参数	
		c（kPa）	φ（°）
砂岩	5	49.79	25.49
	10	90.55	24.56
	15	99.59	27.54
泥岩	5	93.70	21.09
	10	110.06	22.46
	15	114.49	24.58

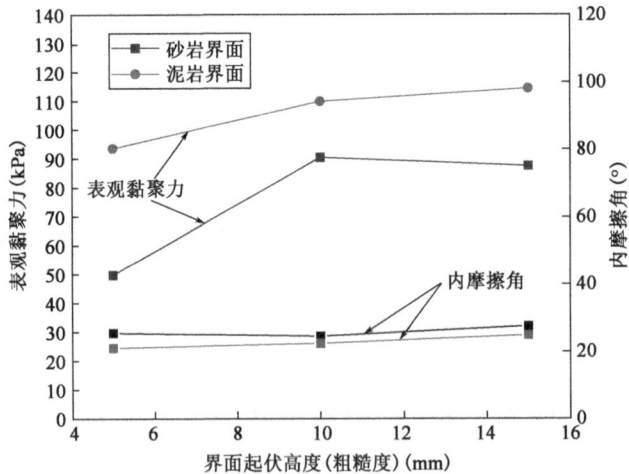

图 2-33　界面起伏高度与黏聚力和内摩擦角的关系曲线

从图 2-33 中可以看出,基岩界面起伏高度不同,接触界面抗剪强度指标存在较大差异。当基岩界面起伏高度为 5mm 时,土石混合体-砂岩界面内摩擦角为 25.49°,黏聚力为 49.79kPa,土石混合体-泥岩界面内摩擦角为 21.09°,黏聚力为 93.70kPa;基岩界面起伏高度为 15mm 时,土石混合体-砂岩界面内摩擦角为 27.54°,黏聚力为 99.59kPa,土石混合体-泥岩界面内摩擦角为 24.85°,黏聚力为 114.49kPa;砂岩界面内摩擦角和黏聚力增幅分别为 8.04% 和 100.02%,砂岩界面内摩擦角和黏聚力增幅分别为 16.54% 和 22.18%,表明土石混合体-基岩接触界面起伏高度对黏聚力的影响更为显著。

参考已有研究[16],黏聚力由剪切面上颗粒间的咬合作用,以及颗粒间的胶结和化学键共同作用组成。本次试验下部基岩呈波浪状凸起,剪切时土石混合体中的颗粒在滑移、翻转、爬升过程中被剪断,颗粒块石与基岩之间和颗粒与颗粒之间的咬合力增大,咬合作用随着界面起伏高度增加不断增强,黏聚力显著增大;但随着界面起伏高度增加到一定值,基岩凹槽内土石混合体颗粒更多,颗粒大小与基岩凸起高度相差较大,剪切时颗粒又很难与基岩之间形成较强的咬合作用,此时土颗粒之间的咬合作用占主导,因此随着界面起伏高度的增加,黏聚力的增长速率减小。接触面摩擦力主要由凹槽内颗粒与基岩上部颗粒之间的滑移摩擦力及颗粒与基岩之间的摩擦力构成,根据文献[17]相关研究,颗粒破碎后重新排列将导致剪切面内摩擦角增加,但增加幅度较小。

此外,界面岩性对接触面抗剪强度指标亦有影响参数。界面不同,内摩擦角差异较小,而土石混合体-泥岩接触面黏聚力高于土石混合体-砂岩接触面黏聚力。这是由于泥岩抗压强度(9.97MPa)远小于砂岩抗压强度(31.02MPa),导致剪切时土石混合体颗粒在翻转滑移过程中破坏泥岩界面,而颗粒嵌入界面中提高了颗粒与界面间的咬合力;土石混合体-砂岩接触面在剪切时,主要为砂岩界面附近颗粒破碎,而砂岩保持其完整性,因此土石混合体-泥岩接触面黏聚力高于土石混合体-砂岩接触面黏聚力。

本章参考文献

[1] 张卫雄,翟向华,丁保艳,等.甘肃舟曲江顶崖滑坡成因分析与综合治理措施[J].中国地质灾害与防治学报,2020,31(5):7-14.

[2] 邹浩,陈金国,何文娟,等.鄂东黄冈地区堆积层滑坡及接触面物理力学特性研究[J].资源环境与工程,2021,35(2):188-195.

[3] 苏程彰.南江县汽修汽配城滑坡发育特征及其治理方案研究[D].成都:西南交通大学,2019.

[4] 乌云飞.秦巴山区土石混合体滑坡变形破坏机理研究[D].西安:长安大学,2012.

[5] 中华人民共和国水利部.土工试验方法标准:GB/T 50123—2019[S].北京:中国计划出版社,2019.

[6] 徐文杰,胡瑞林.土石混合体概念,分类及意义[J].水文地质工程地质,2009,36(4):50-56,70.

[7] RAO K S S, ALLAM M M, ROBINSON R G. Interfacial friction between sands and solid surfaces [J]. Geotechnical Engineering,1998,131(2):75-82.

［8］ 金子豪,杨奇,陈琛,等.起伏高度对混凝土-砂土接触面力学特性的影响试验研究［J］.岩石力学与工程学报,2018,37(3):754-765.

［9］ 陈俊桦,张家生,李键.接触面起伏高度对红黏土-混凝土接触面力学性质的影响［J］.中南大学学报(自然科学版),2016,47(5):1682-1688.

［10］ 杨砚宗.砂土与结构接触面粗糙面试验研究［J］.建筑科学,2013,29(1):55-57.

［11］ 陆勇,周国庆,夏红春,等.中、高压下粗粒土-结构接触面特性受结构面形貌尺度影响的试验研究［J］.岩土力学,2013,34(12):3491-3499.

［12］ 中国水电顾问集团成都勘测设计研究院.水电水利工程粗粒土试验规程:DL/T 5356—2006［S］.北京:中国电力出版社,2006.

［13］ 张吉顺,华斌.土与不同桩侧表面起伏高度接触面剪切试验研究［J］.结构工程师,2011,27(3):118-122.

［14］ 陈静,李邵军,孟凡震,等.三峡库区滑坡土石混合体与桩的接触面力学特性试验研究［J］.岩石力学与工程学报,2011,30(S1):2888-2895.

［15］ CEN D,HUANG D,REN F. Shear deformation and strength of the interphase between the soil-rock mixture and the benched bedrock slope surface［J］. Acta Geotechnica,2017,12(2):391-413.

［16］ 马林.钙质土的剪切特性试验研究［J］.岩土力学,2016(S1):309-316.

［17］ 李广信.高等土力学［M］.北京:清华大学出版社,2004.

第 3 章
CHAPTER 3

深基坑桩锚协同支护方法

20 世纪 40 年代，TERZAGHI[1] 和 PECK[2] 等学者对基坑开挖的稳定性和支撑的内力等问题进行了研究，并提出了支撑荷载大小的总应力计算方法。20 世纪 50 年代，BJERRUM 和 EIDE 等[3] 分析了基坑坑底的隆起，从此开始对基坑工程进行分析与研究。

改革开放以前，国内高层建筑很少，基坑开挖深度一般在 5m 以内，大部分采用放坡开挖或者少量钢板桩支护[4]。20 世纪 80 年代，我国出现了一些较深的基坑，基坑多采用钢板桩支护，计算多采用等值梁法、弹性曲线法等简单的计算方法[5-6]。20 世纪 90 年代以后，基坑支护工程设计得到重视，同时有关部门组织编制基坑支护与施工有关的规范[7]。与此同时，我国的高层和超高层建筑进入迅速发展阶段，促进了基坑工程的发展，支护结构形式多样化，如水泥土深层搅拌桩、钻孔灌注桩、人工钻孔桩、土钉墙、地下连续墙、钢支撑、钢筋混凝土支撑及土层锚索等。

随着经济的发展和科技的进步，国内外学者对基坑工程的研究不断深入，基坑设计理论和支护技术得到不断发展与完善，基坑支护选型也变得更加丰富多样。桩锚支护结构作为常用的支护选型之一，在基坑支护工程中的地位举足轻重。桩锚支护结构产生于 20 世纪 80 年代，适用于开挖深度较大的基坑，凭借施工方便快捷、变形控制好、经济适用等特点得到迅速推广，经过 40 多年的发展，桩锚支护结构的设计理论和施工技术逐步完善[8-11]。

3.1 桩锚协同支护方法的基本组成

桩锚支护是将受拉杆件的一端固定在开挖基坑的稳定地层中，另一端与围护桩相连的基坑支护体系，它是结合抗滑桩支护方法和锚索支护方法产生的(图 3-1)。其支护原理综合了抗滑桩和锚索的支护原理，即阻挡基坑边坡下滑的抗滑力主要来源于锚索所提供的锚固力和抗滑桩所提供的阻滑力。安全经济的特点使它广泛应用于边坡和深基坑支护工程中。在基坑内部施工时,开挖土方与桩锚支护体系互不干扰,能有效地缩短工期,尤其适用于复杂施工场地及对工期要求严格的基坑工程。

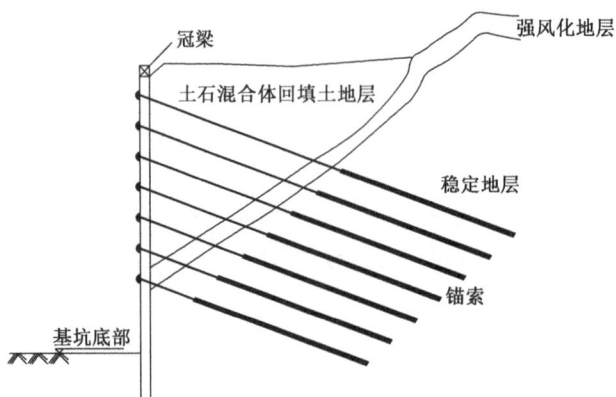

图 3-1　桩锚协同支护方法示意图

桩锚支护由支护桩、预应力锚索及与之配套的腰梁、冠梁等构件组成,支护排桩通常为钻孔灌注桩。随着建筑工业化的发展,混凝土预制桩也逐步得到应用。支护桩所需的水平约束力由预应力锚索提供,预应力锚索的设置可以有效减小支护桩的最大弯矩,提升支护桩的抗弯能力。预应力锚索的水平分布、竖向分布、预应力设置、锚索倾角等参数对基坑边坡支护效果有直接影响,在施工过程中,可通过高压注浆和端部扩大头等方式提升锚索的力学指标。

支护桩与锚索支护可作为一种整体加固结构,通过土压力变化情况,即可显示出实际支护效果。在深基坑开挖施工中,如果桩身结构受到基坑底部水压力、基坑以外土体等因素的影响,就会发生侧向移动,同时会向坑内发生倾斜。在支护桩锚固范围中,深基坑土体中会产生被动土压力,同时,支护桩也会向深基坑内侧发生倾斜,二者可发挥相互抗衡的作用;锚索预应力还可有效抵御土体压力。如果在桩锚施工中,锚固范围内的锚索加固作用与土体被动土压力总和大于支护桩主动土压力,则能够达到良好的支护效果。

桩锚支护结构的设计过程主要包括四个步骤:支护方案设计、细部结构设计、计算分析、方案对比。其中支护方案设计的主要工作是明确支护桩类型和锚索布置,细部结构设计则需要确定各构件的尺寸和参数,计算分析过程中需要对桩身内力、嵌固深度、桩内配筋以及锚索承载力做出校核,方案对比则是要选出支护结构的最优设计方案。桩锚支护结构设计过程中,构件参数、锚索预应力大小和桩锚相对强弱关系等都会对基坑支护效果产生直接影响。

3.2　桩锚支护协同工作原理

在深基坑施工中,桩锚支护结构可起到主动支护的作用,能够有效降低土体结构的下滑力,保证深基坑结构的稳定性。在国内外很多深基坑工程研究中,都有对于预应力锚索与土体、支护桩与土体相互作用的研究,但是,对于桩锚支护结构与土体之间协同作用的分析并不全面,因此,亟须对深基坑桩锚支护结构和土体之间的协同作用进行深入研究。

3.2.1 支护桩与土体的协同作用

支护桩是通过锚固段侧向地基岩土抗力抵抗土压力的横向受力桩,桩后土压力的传递方式有:第一,桩身嵌入基坑坑底以下的部分产生的抵抗矩;第二,桩侧土体与桩身的负摩阻力。维持基坑的稳定是靠多种因素共同决定的,依靠以上两种方式,将桩后土体压力进行传递,直到离桩身较远的稳定地层,以其未被扰动的特性抵消这部分土压力。支护桩与土体互相作用可从以下几个方面着手:

①支护群桩与土体作用时产生的土拱效应,掌握其荷载的传递机理。

②支护桩与土体相互作用时,桩后土压力分布形式的确定。不同土质条件就决定了其分布形式的不同,矩形是比较常见的分布形式,此外还有三角形、梯形等分布形式;再加上基坑周边荷载对支护桩的作用,受力形式的简化要尽可能准确。

③对桩身内力进行研究时,首先要建立一个恰当的计算模型。对桩土相互作用而言,一般是把土体当成土弹簧单元模拟;另外,计算方法的选取对计算结果的影响也不可忽略。

3.2.2 锚索与土体的协同作用

(1)预应力锚索的基本原理

锚索加固土体的主动性体现在两个方面:一是将其施加的预应力通过锚固段和注浆体主动传到稳定土层深处;二是主动抵挡外界压力或构筑物带来的外荷载,以达到维持整个体系平衡稳定的目的。

预应力锚索增大了土体的抗剪强度,使其力学性能优势得到有效的发挥,保持基坑稳定性。普通支护桩的受力特点是:不管是桩身自由段还是锚固段,其弯矩值表现形式单一;而预应力锚索使得桩身弯矩发生了变化,它把前者一部分正的弯矩值变为负的弯矩值,而且最大弯矩值 M_{max} 的位置也发生了变化(图3-2、图3-3),弥补了普通单桩支护受力上的缺陷,使荷载均匀地分布于整个支护桩上。

当土体表面出现松动现象或者土体本身表现出更大的力学作用时,需要对锚索施加预应力;对于普通土体,锚索仅仅具有加筋效果。对具体工程而言,并非所有的锚索都要施加预应力,应以安全经济为原则制定施工方案。

(2)预应力锚索的力学作用

①抵抗倾倒的作用。一般来说,结构物转动边上的正、负弯矩值决定了抵抗倾倒的稳定性,而结构的重心到基底边上的距离决定了对结构稳定性有优势的负弯矩值。施加锚固力是有效改进结构稳定性的方法之一。

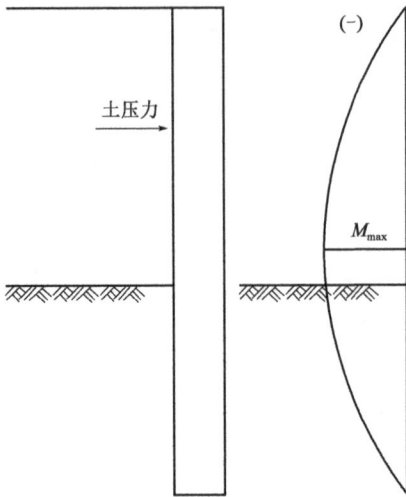

图 3-2   普通支护桩弯矩结构示意图   图 3-3   预应力锚索支护桩弯矩结构示意图

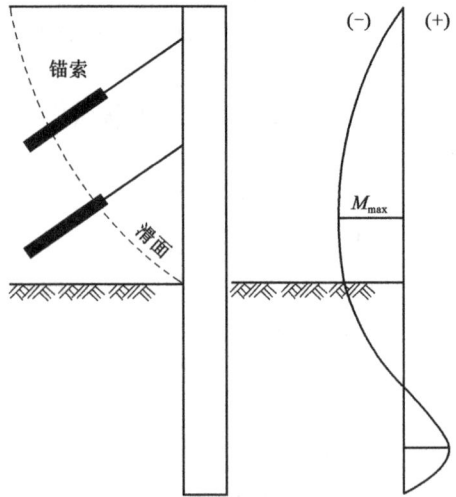

②抵抗竖向位移的作用。在基坑工程中,若坑内地下水位较高,使得支护物自身重力小于地下水浮力,则有可能会发生竖向变位引起的破坏。这种破坏形式是由自然因素和人为因素共同决定的,还存在两方面的问题,一方面是因为对上浮力值不能准确地掌握,另一方面是由于设计人员按最不利荷载设计的结构不经济。为了防止这种形式的破坏,将结构物锚固在下卧岩土层是一种有效方法。

③控制岩土体变形的作用。基坑开挖会扰动岩土体,使其最初的平衡状态发生变化,如岩土体松动、岩石变形甚至破坏等。传统的维持土体稳定的方式是采用支架和混凝土等具有一定强度的材料进行初衬,这种方式不仅造价高,而且施工进度缓慢。新型的锚固方法随着锚索技术的成熟应运而生,其优势有二:第一,使用普通锚索来承受一部分拉力和剪力,以达到稳定岩土体的目的;第二,从控制变形的角度出发,新型的预应力锚索不仅能提高岩土体的力学性能,还具有主动支护的作用,可有效控制土体位移。

④防止岩层剪切破坏的作用。剪切破坏通常在边坡事故中常见,当土体的自重力加外荷载力超过支挡结构物所能承受的抗力限制时,在软弱土层界面会出现剪切破坏。为了防止岩层发生剪切破坏,采用预锚支护体系加固显然是一个有效的方法。

3.2.3   桩锚支护协同作用

基坑开挖过程中,支护桩按照基坑设计位置,在基坑壁外围依据设计的间隔距离和支护桩桩身各项参数进行施工。当基坑开挖到一定深度后,进行锚孔定位、注浆和张拉工作,随后开挖下一层土体以及下一层锚索的张拉锚固。锚索通过预应力张拉过程,与支护桩紧密连接,并且沿着锚索轴线将力传递到锚固端的稳固土体。因此,在开挖支锚阶段,土体卸荷引起的侧向力优先作用于支护桩,使支护桩产生向基坑内侧变形的趋势,由于钢腰梁和锚索外锚固的结合,支护桩具备较大的抗侧移能力。

当基坑开挖到底面以后,支锚工作也会随之完成。由于岩土开挖问题的复杂性,在基坑开挖完毕以后,支护桩受到基坑外侧水土压力以及周边附加荷载的作用,在悬臂端向基坑临空面变形,产生主动土压力,引起嵌固端桩身向土体的倾覆,进而出现被动土压力。预应力锚索则可以通过钢腰梁很好地使支护桩连成整体,并通过锚索预应力将作用于桩锚支护结构上的荷载传递到锚固端的稳定土体,支护桩通过钢腰梁与锚索协调变形,整个桩锚支护体系逐渐成为一个整体,确保了基坑的安全稳定。

3.3 基坑常见支护方法与桩锚协同支护体系

3.3.1 支护方法分类

作用在支护结构上的土压力及支护结构的变形情况非常复杂,土压力的大小及分布情况不仅与岩土体的特性有关,而且与支护结构的变形有关。支护结构的变形不仅与支护结构的刚度有关,还与支护结构及岩土体的受力状态有关。因此,根据支护结构的刚度和受力状态对基坑支护结构进行分类。

(1)按支护结构的刚度进行分类

按挡土结构的刚度,可将基坑支护方法分为刚性支护法和柔性支护法,如图3-4所示。刚性支护结构的土压力分布可按经典的库仑和朗肯土压力理论计算得到,实测结果表明,只要支护结构的顶部位移不小于其底部的位移,土压力沿垂直方向分布可按三角形计算。刚性支护法的几种支护形式作为挡土结构的桩墙均嵌入基底以下一定深度,一般情况下支护结构的顶部位移不小于底部位移。如果支护结构底部位移大于顶部位移,土压力将沿高度近似呈抛物线分布。对柔性支护结构,作为挡土结构的面层刚度小且不嵌入基底,结构上、下均向坑内移动,其位移和土压力分布情况比较复杂,可采用梯形土压力分布进行计算。

(2)按支护结构体系的受力状态进行分类

按支护结构体系的受力状态,可分为主动支护方法和被动支护方法,如图3-5所示。主动支护方法的几种支护形式中都使用了预应力锚索,通过施加预应力,土体单元的抗剪能力提高,延缓了滑裂面的形成,改变了岩土体的受力状态,主动约束了支护结构的变形;而被动支护则需借助岩土体产生的微小变形,才能使支护结构受力。因此,两种支护形式的受力状态是不同的。

现对主要的几种支护结构进行简述。

(1)悬臂式支护结构

悬臂式支护结构是指未加任何支撑或锚索,仅靠嵌入基坑底下一定深度的岩土体来平衡上部地面超载、主动土压力以及水压力的支护结构。对于悬臂式支护结构,其嵌入深度至关重要。

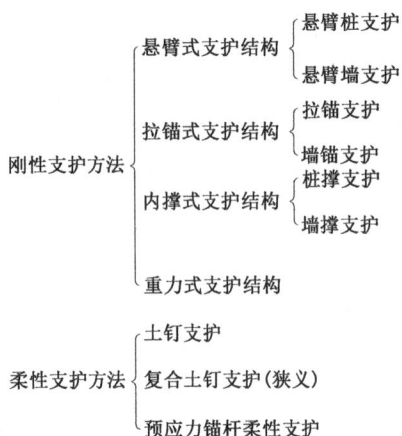

图 3-4　按支护结构的刚度分类　　图 3-5　按支护结构体系的受力状态分类

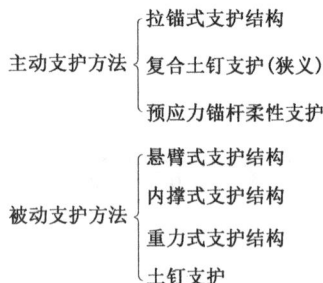

　　悬臂式支护结构可分为连续的板桩式结构、分离的排桩式结构和地下连续墙结构。板桩式结构是用各种截面形式的构件单元相互用锁口梁搭接而成的连续挡土结构，常用的板桩有钢板桩、工字型钢、钢筋混凝土桩和劲性钢筋混凝土板桩等。排桩式结构是利用各种类型的护壁桩按一定间距排列的形式，是基坑支护中较为广泛的一种。在无地下水或允许坑外降水时，宜采用排桩结构，常用的包括机械钻孔灌注桩、人工挖孔灌注桩、沉管灌注桩等，为增加支护结构的刚度，减小坑壁变形，可以采用双排桩的形式。墙式围护结构一般采用现浇钢筋混凝土地下连续墙，也可采用预制的钢筋混凝土地下连续墙或加有劲性钢筋的水泥土连续墙。

　　由于基坑坑底以上部分呈悬臂状态，无任何支点力作用，受力条件比较明确，支护结构的弯矩随开挖深度成三次方增加，与有内支撑的支护结构相比，这种结构的桩顶位移及构件弯矩值比较大。因此，这种支护结构形式主要用于土质条件较好、基坑深度不大及对基坑水平位移要求不是很严格的基坑。土质较好时，可加大开挖深度，一般开挖深度不宜大于 10m。

　　(2) 拉锚式支护结构

　　当基坑深度较大时或对基坑位移有严格要求时，悬臂式支护结构不易满足，应考虑采用拉锚式支护结构。拉锚式支护结构由挡土结构与外拉系统组成。拉锚式支护结构分为地面拉锚支护结构(外拉系统在地面设置)和锚索支护结构(外拉系统沿坑壁土体内设置)两类。在拉锚式支护结构中，其挡土结构通常与悬臂式或内撑式支护结构的挡土结构相同，如钻孔灌注桩、钢板桩或地下连续墙等。

　　地面拉锚支护结构由挡土结构、拉杆(索)和锚固体组成，锚固体通常使用锚固桩或锚碇板。这种支护形式要求基坑周围无障碍物或拉杆及锚固体有地方布置。对于锚碇拉锚或锚桩拉锚，由于在深层埋置拉杆施工困难，拉杆一般只能设置在较靠近支护墙体顶部的部位，因此常用于深度及规模不大的基坑或悬臂支护结构的抢险工程中。在进行锚碇、锚桩拉锚系统布置时，为保证整个系统的稳定性，锚固体必须位于基坑外土体主动滑移面之外，至于锚固体位置、间距、尺寸等，应通过设计计算确定。

锚索支护结构是由挡土结构及锚固于基坑滑动面以外的稳定岩土体的锚索组成的。对于规模较大的深基坑、邻近有建筑物或重要管线而不允许有较大变形的基坑，以及不允许设内支撑或设内支撑不经济等情况，均可考虑选用锚索支护结构。支护结构所承受的部分荷载，通过锚索传递到处于稳定区域的锚固体上，由锚固体将传来的荷载分散到周围稳定的岩土层中，从而充分发挥地层的自承能力。相对于内支撑式支护结构，拉锚式支护结构施工完成后，不影响土方开挖和结构地下部分施工，便于施工组织、加快施工进度。在目前国内外基坑支护工程中多采用锚索支护结构。

（3）内撑式支护结构

内撑式支护结构是由挡土结构和内支撑系统组成的结构形式。挡土结构主要承受基坑开挖所产生的土压力和水压力，并将此侧向压力传递给内支撑，有地下水时也可防止地下水渗漏，是稳定基坑的一种临时支挡结构。内支撑为挡土结构的稳定提供了足够的支撑力，直接平衡两端围护结构上所承受的侧压力。通常，有下列条件时可优先考虑选用内撑式支护结构：

①相邻场地有地下建筑物，不宜选用锚索支护结构。

②为保护场地周边建筑物，基坑支护不得有较大的内倾变形。

③场地土质条件较差，对支护结构有严格要求。

目前较常用的是钢支撑和现浇钢筋混凝土支撑。

钢结构支撑具有自重小，安装和拆除方便，可以重复使用等优点。根据土方开挖进度，钢结构支撑可以做到随挖随撑，并可施加预应力，这对控制墙体变形是十分有利的。因此，一般情况下应优先采用钢结构支撑。然而钢结构支撑整体刚度较差，安装节点比较多，当节点构造不合理，或施工不符合设计要求时，容易造成因节点变形与钢结构支撑变形，导致基坑变形较大。

现浇钢筋混凝土结构支撑具有较大的刚度，适用于各种复杂平面形状的基坑。现浇节点不会产生松动而增加墙体位移。工程实践表明，在钢结构支撑施工技术水平不高的情况下，钢筋混凝土支撑具有更高的可靠性。但混凝土支撑有自重大、材料不能重复使用、安装和拆除需要较长工期等缺点。当采用爆破方法拆除支撑时，会产生噪声、振动以及碎块飞出等危害，在闹市区施工应予注意。由于钢筋混凝土支撑从钢筋、模板、浇捣至养护的整个施工过程需要较长的时间，因此不能做到随挖随撑，这对控制墙体变形是不利的，因此，对于大型基坑的下部支撑采用钢筋混凝土支撑要特别慎重。

（4）重力式支护结构

重力式支护结构是重力式挡土墙的一种延伸和发展，主要以结构自身重力来维持支护结构在侧向土压力作用下的稳定。其特点是先由墙后开挖形成边坡，因此在某种程度上重力式基坑支护结构与重力式挡土墙有较大的区别。

目前，在工程中常用的重力式支护结构主要为水泥土重力式围护结构。其一般是指采用厚度较大的水泥土墙体，用特殊的深层搅拌机械，在地面以下就地将土与水泥强行搅拌，有时采用高压喷射注浆，经过土和固化剂产生一系列物理化学反应，形成具有一定强度、整体性和水稳性的柱状加固体，并采用连续施工的搭接方式将柱状加固体连接成墙体，保持深基坑边坡的稳定。水泥土重力式支护结构用于软土的基坑支护,一般支护深度不大于6m,用于非软土基坑的支护深度可达10m,其主要优点体现在以下两方面:

①水泥土加固体的渗透系数比较小,一般不大于10^{-7}cm/s,因此墙体有良好的隔水性能,不需要另做防水帷幕。

②水泥土重力式支护结构的工程造价比较低,当基坑开挖深度不大时,其经济效益更为显著。

(5)土钉支护

土钉支护是由密集的土钉群、被加固的土体、喷射混凝土面层组成的,形成一个复合的、能自稳的、类似于重力式挡墙的挡土结构,以此来抵抗墙后传来的土压力和其他作用力,从而确保开挖基坑或边坡稳定。土钉支护不宜用于对基坑变形有严格要求的支护工程中,土钉支护基坑的深度不宜太大。

土钉可分为钻孔注浆土钉与打入式土钉两类。钻孔注浆土钉是目前工程中最常用的土钉类型,即先在土中钻孔,植入钢筋,然后沿全长注浆。用机械将钢管、角钢、圆钢或钢筋等将打入式土钉直接打入土体,然后再注浆。土钉与周围土体接触,依靠接触面上的黏结摩阻力与其周围土体形成复合土体,土钉在土体发生变形的条件下被动受力。

与其他支护结构相比,土钉支护的优点主要体现在以下方面:

①能合理利用土体的自承能力,将土体作为支护结构不可分割的部分。

②轻型结构,柔性大,有良好的抗震性能和延性。

③施工设备简单轻便,不需大型的机具和复杂的工艺。

④施工方便,速度快,不需单独占用场地。

⑤工程造价低,据国内外资料分析,土钉支护工程造价比其他支护形式的工程造价低1/3~1/2。

(6)复合土钉支护

由于土钉支护自身的局限性,在松散砂土、软土、流塑黏性土以及有丰富地下水的情况下不能单独使用,必须对常规的土钉支护进行改造,特别是对支护变形有严格要求时,最好采用土钉支护与其他支护相结合的方法,即所谓的"复合土钉支护"。

复合土钉支护就是由土钉、喷射混凝土与预应力锚索或预支护微型桩或水泥土桩组合,为解决基坑变形问题、土体自立问题、隔水问题而形成的支护形式。就目前实际应用效果来看,常用的几种复合土钉支护主要有以下几种组合形式:

①土钉+预应力锚索+喷射混凝土。

②土钉+预支护微型桩+喷射混凝土。

③土钉+预支护微型桩+预应力锚索+喷射混凝土。

④土钉+水泥土桩+喷射混凝土。

⑤土钉+预应力锚索+水泥土桩+喷射混凝土。

上述几种复合土钉支护的形式是广义复合土钉支护的概念,狭义上讲,复合土钉支护是由土钉和预应力锚索共同工作的支护形式,因为预支护微型桩或搅拌桩用以解决基坑土体自立问题和隔水问题,而预应力锚索的存在改变了土钉支护的受力状态,减小了基坑变形。预应力锚索对复合土钉支护产生多大的影响取决于锚索数量的多少及预应力值的大小。

（7）预应力锚索柔性支护

预应力锚索柔性支护是用于基坑开挖和边坡稳定的一种新的支挡技术，是由预应力锚索与喷射混凝土面层或木板面层结合而成的一种支护方法。该方法适合于位移控制要求严格的基坑及超深基坑的支护。

预应力锚索柔性支护法综合了拉锚式支护结构和土钉支护结构的优点：①基坑变形小；②支护基坑的深度大；③施工方便，施工速度快；④施工设备简单，不需大型设备和复杂技术；⑤造价低廉；⑥相对于桩墙支护结构而言，占用地下空间小。

3.3.2 桩锚协同支护方法的优势

在众多的基坑支护形式中，桩锚支护是我国常采用的一种深基坑支护形式，并得到了持续和广泛的应用。与土钉支护相比，桩锚支护控制土体变形能力强；与内撑式支护相比，其造价低、施工方便、支护空间小、遗留问题少；与重力式支护相比，其材料用量少、适用范围广、环境污染小；与逆作法相比，其所需设备简单、技术要求低、推广性强、适用性广；与地下连续墙支护形式相比，其工程造价低；与重力式支护和排桩支护相比，其支护深度大，可用于支护开挖深度超过20m的基坑，并且桩锚支护还适用于各种土层。因而，桩锚支护形式在国内外基坑工程中被广泛采用。

3.4 群锚效应

群锚效应是由于群锚中锚索间距较小，单个锚索的承载力会受到影响而产生的效应。当基坑工程采用桩锚支护结构时，通常不会只采用一根锚索，群锚效应也就成为不可回避的问题。锚索是通过锚固段与土体的相互作用来提供拉应力的，当锚索间距较小时，该应力在土层中的传递会产生叠加，使得每根锚索所能承担的抗拔承载力远小于单根锚索的抗拔承载力，即群锚结构对锚索极限抗拔承载力产生折减。基坑开挖深度的增加导致预应力锚索数量和内力随之增加，群锚效应也变得日益突出，对基坑支护结构安全造成威胁。

由于群锚效应的存在，在张拉过程中，群锚的加锚顺序一般采用扩展型，后施工锚索对已张拉的锚索预应力值有一定的影响，常表现为预应力损失。原因是张拉引起岩体压缩变形，导致锚索影响半径范围内已张拉锚索的预应力值减小。例如，三峡永久船闸边坡部位相邻锚索张拉时，95%的锚索预应力值减小，减小值为1~6kN[12]。济南某高速公路边坡现场实验发现，同一锚索的加载、卸载导致间距7m的相邻锚索预应力值变化值和作用反应时间相差较大，完全卸荷后引起相邻锚索预应力值变化为12.3%，并在较短时间内完成，重新加载仅为卸载影响数值的32%，且反应时间较长[13]。为防止群锚作用下预应力损失，通常采取以下措施：

①合理控制锚索布置点位。在坡面方向上,锚索正方形布置优于矩形布置,采用矩形布置时,相邻锚索之间的预应力削弱大于正方形布置。

②适当增加预应力锚索自由端长度或对自由端进行锚固处理。群锚加固过程中,预应力损失主要是孔口处位移及自由端长度变化所致,当自由端长度增大时,可减小自由端应变损失,从而减小预应力的损失;在自由端张拉完毕后,对自由端进行注浆,本应损失的预应力值通过自由端砂浆与钻孔壁之间的相互作用加以克服,从而确保滑面上下之间的岩体挤压应力不变。

③合理安排预应力张拉顺序。后张拉的锚索对之前张拉的锚索存在预应力的削弱作用,对之后张拉的锚索预应力无影响,因此可通过跳孔、跳排的张拉方法将预应力损失均布于各区域,避免区域性预应力损失过大而引起的区域性加固力不足的问题,有利于提高被加固边坡的安全性。

④针对加固体系力学性质的不同,合理地对预应力锚索进行超拉。对于散体、土体以及节理裂隙发育的软岩,适当增大预应力对于确保加固手段的有效性十分必要。

3.5 施工控制措施

基坑开挖施工时,科学合理地组织各工序的交叉施工,使得工序之间能够正常连续进行,将相互之间的不利影响降到最低,是保证施工质量和工期的关键。

工程桩锚支护分为钻孔灌注桩施工、锚索施工、喷射混凝土面层、土方开挖等施工内容,这些施工工艺穿插进行,先后顺序尤为重要,直接影响到基坑支护的安全和施工工期。其具体施工工序如下:混凝土灌注桩施工(桩检测合格后)→桩顶冠梁施工→土方开挖至第一层锚索高程以下设计开挖深度→挂网喷射桩间混凝土→第一排锚索安装施工(张拉完成后)→土方开挖至第二层锚索高程以下设计开挖深度→挂网喷射桩间混凝土→第二排锚索安装施工(张拉完成后)→土方最后开挖至坑底设计高程→挂网喷射桩间混凝土。土方开挖需按以上顺序进行,禁止不分段分层开挖,且开挖的过程中不得扰动支护系统,否则支护系统将出现断桩、锚索失效、塌方等安全事故。

3.5.1 混凝土灌注桩施工技术措施

钻孔灌注桩的施工流程为桩机就位→成孔→第一次清孔→吊装钢筋笼→安装混凝土导管→第二次清孔→安装漏斗、隔水栓→灌注水下混凝土→拆除导管、漏斗。

(1)施工标准质量

施工严格按照《建筑地基与基础工程施工质量验收规范》(GB 50202—2018)[14]、《建筑边坡工程技术规范》(GB 50330—2013)[15]、《建筑桩基技术规范》(JGJ 94—2008)[16]等规范进行施工,同时应符合相关设计要求。灌注桩成孔施工允许偏差见表 3-1,钢筋笼制作误差见表 3-2。

灌注桩成孔施工允许偏差　　　　表 3-1

名称	允许偏差
桩位偏差	边桩 $D/6$ 且≤100mm；群桩 $D/4$ 且≤150mm
孔径偏差	+50mm
垂直度偏差	<1%H
孔深	+300mm 只深不浅
沉渣厚度	≤100mm

注：D 为桩径，H 为孔深。

钢筋笼制作误差　　　　表 3-2

序号	项目	允许偏差（mm）
1	主筋间距	+10
2	主筋间距	+20
3	钢筋笼直径	+10
4	钢筋笼长度	+100
5	保护层厚度	+20

（2）成孔技术

①调节钻机呈水平状态，使钢绳垂直，钻头中心与桩位中心保持一致；保证成孔垂直度偏差小于1%。为确保成孔垂直度偏差小于1%，钻机架腿必须稳固，不能随意移动。

②成孔钻进过程中，操作人员应及时掌握不同地层状况，采取有效措施防止缩孔、塌孔、孔偏。

③钻进深度达到要求时，应复核深度，同时进行清孔工作并检查成孔质量。

④成孔验收合格后，必须保证孔口附近无杂物、泥渣，严禁泥渣等异物掉入孔内，同时验收后的孔停放时间不宜过长，应立即安放钢筋笼并进行混凝土浇灌。

⑤成孔过程中，防止塌孔是工程施工的要点，为此操作过程中，要求技术人员认真分析，依据地层状况采取相应的措施，确保成孔的顺利完成。

⑥清孔完成后，需检查验收，发现问题，及时处理后，进行下一道工序，确保成孔质量。

（3）钢筋笼制作、安装技术

①钢筋笼加工应按设计图纸下料，并进行主筋调直，清除杂物。

②主筋、加劲筋连接采用单面焊，搭接长度不小于10倍钢筋直径，绕筋采用点焊与主筋连接。

③加劲箍设在主筋外侧。

④搬运和吊装时，应防止变形，安放要对准孔位，垂直轻放、慢放入孔，若遇阻力时应停止下放，查明原因。就位后应立即固定，严禁快提猛落。

⑤钢筋笼定位采用吊筋连接固定，根据测定出的孔口高程和桩顶高程，计算出吊筋长度并确定。安放时应根据确定的吊筋长度，放置钢筋笼，保证钢筋笼高程与设计高程一致。

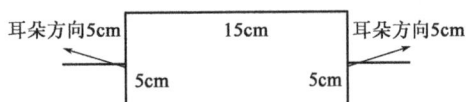

图 3-6 "耳朵"做法示意图

⑥为保证钢筋笼在孔内居中,使钢筋笼保护层厚度达到规范及设计要求,采用钢筋加工"耳朵"来保证,具体方案为用 $\phi 8$ 的圆钢加工成如图 3-6所示的形状,焊接在钢筋笼主筋外侧。每一圈至少加设三个扶正器,间距4.0m 交错放置。

(4)灌注混凝土施工技术

①选用 $\phi 200$ 的法兰盘导管灌注混凝土,进行隔水处理,钻机架提升导管,$\phi 700$ 的桩径初灌量应大于 $0.5 m^3$。

②导管下入孔内距孔底宜为 300～500mm。

③应有足够的混凝土储备量,确保初灌量,使导管一次埋入混凝土面以下至少达 0.8m。

④灌注过程中应注意观察孔口返浆情况。应及时测量混凝土面与导管长度,确定埋深,导管埋深应控制在 2～6m,严禁将导管拔出混凝土面。灌注时应经常提降导管,保证混凝土均匀和密实。

⑤在混凝土的灌注中,要控制好每根桩的灌注时间,不能间断,必须保证连续施工。

⑥控制最后一次灌注量,桩顶不得偏低。灌注混凝土面高度应超出设计桩顶高 0.3～0.5m。

⑦灌注结束后,应及时将桩顶以下混凝土用振动棒振捣密实,并清理施工现场机具上的混凝土。

3.5.2 冠梁及挡土墙施工技术措施

(1)冠梁及挡土墙施工工艺流程(图 3-7)。

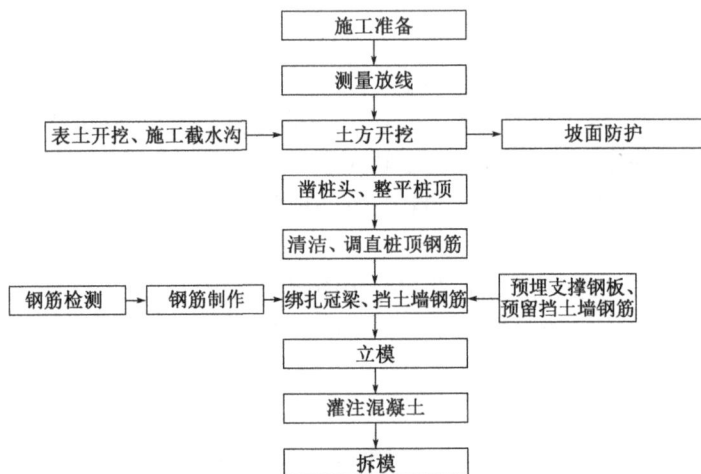

图 3-7 冠梁及挡土墙施工工艺流程

（2）冠梁及挡土墙施工方法及操作要求

①基槽开挖。

基槽内土方开挖采用机械开挖、人工配合的方法进行。分段开挖时,分段长度同每段基坑段落长度相同,根据实际情况进行适当调整,开挖至设计冠梁底高程。冠梁基槽背侧开挖至桩顶露出桩头,人工清除围护桩间土体,开挖过程中注意保护围护桩钢筋不被破坏。开挖断面如图3-8所示。

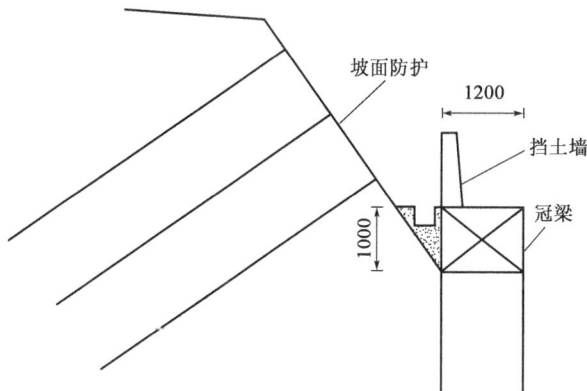

图3-8 冠梁后土方开挖大样图(尺寸单位:mm)

②桩顶整平。

采用风镐凿除灌注桩桩顶混凝土至冠梁底高程以上5～10cm,再用凿子剔凿至桩底高程处,并清除表面浮浆、松动的混凝土碎块等。调直桩顶钢筋,清除桩顶钢筋上的浮锈、污渍和桩顶上的灰尘,进行桩基检测。

③钢筋加工及安装。

冠梁梁断面配筋图如图3-9所示,钢筋在加工棚内集中加工,加工前由试验室对钢筋原材进行复检。钢筋主筋采用机械连接,箍筋采用常规绑扎,钢筋严格按设计图纸进行加工。挡土墙及沉降观测预备件同时绑扎。

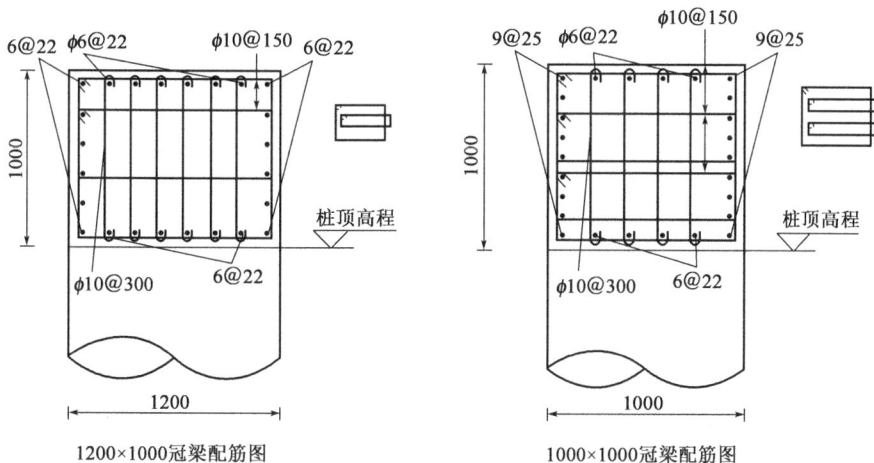

图3-9 冠梁断面配筋图(尺寸单位:mm)

④预留预埋。

冠梁上预埋挡土墙钢筋及基坑沉降观测预埋件需定位准确,并控制预埋件的误差在设计及规范允许范围内,预埋件与冠梁箍筋采用点焊连接。

⑤模板安装。

冠梁及挡土墙模板采用竹胶板。立模时先涂刷脱模剂,再进行拼装。拼装时将钢筋施工时放出的边线作为模板安装的控制线。平整度应符合质量验收要求。模板采用三道水平钢管和竖向每80cm一道钢管进行加固,上下采用钢管或木方进行水平方向和斜向加固。为保证冠梁、挡土墙模板的整体稳定,模板拼装好后,将脚手架管作为模板背后的加劲龙骨。模板拼装时应注意保证拼缝的密封性和钢筋骨架的保护层,防止漏浆和露筋。先拼装冠梁的模板,待冠梁浇筑完毕后,再进行挡墙模板的拼装。冠梁模板安装大样图如图3-10所示。

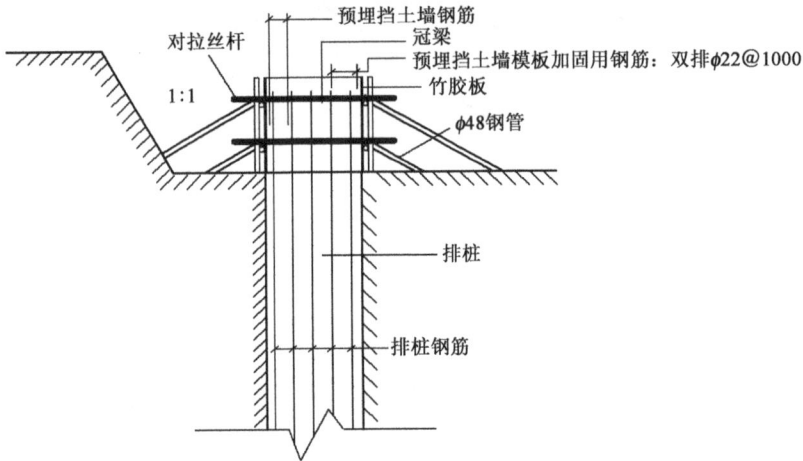

图3-10　冠梁模板安装大样图

挡土墙模板采用竹胶板双面加固,水平钢管按照40cm间距依次从底部设置。竖向背楞使用ϕ48mm的脚手架管,间距80cm。两侧模板之间用扣件和对拉螺杆连接,间距40cm,横向间距60cm。上下采用钢管或木方进行水平方向和斜向加固。挡土墙模板安装大样图如图3-11所示。

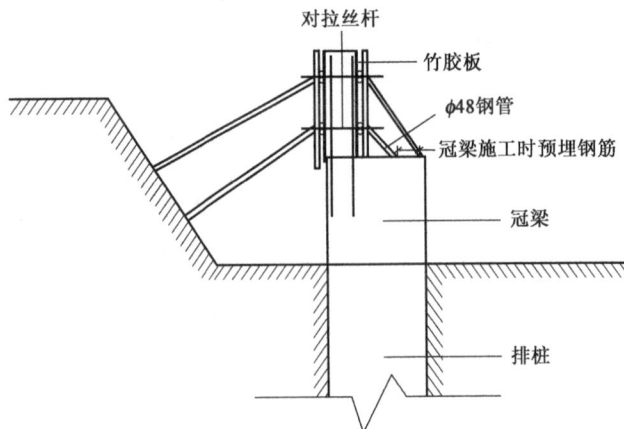

图3-11　挡土墙模板安装大样图

⑥混凝土施工。

冠梁及挡土墙均采用 C30 混凝土(下沉广场段为 C40 混凝土)。浇筑混凝土前,应对模板、钢筋、预埋件进行检查,模板内的杂物、积水和钢筋上的污垢应清理干净。在混凝土浇筑前,应检查混凝土的拌和质量,混凝土采用罐车运输。混凝土分层浇注、分层振捣,每层浇筑厚度为 30cm。在每层混凝土浇注过程中,随混凝土的灌入及时采用插入式振捣。振捣棒振动时移动间距不超过振动棒作用半径的 1.5 倍。振捣过程中,振捣棒与模板间距保持 5~10cm,并避免碰撞钢筋及钢板预埋件,不得直接和间接地通过钢筋施加振动。振捣上层混凝土,振捣棒应插入下层混凝土内 5~10cm。每一处振捣完毕后,应徐徐提出振捣棒。

⑦脱模及养护。

混凝土浇筑完成后采用人工收面,保证表面平整、光滑。派专人进行浇水养护,养护时间不得少于 7d。为防止混凝土因日晒、风吹等恶劣环境影响而产生裂纹,应覆盖土工布或塑料薄膜进行养护。模板必须在能保证混凝土表面及棱角不受损伤时方可拆除,且须按顺序进行拆除,以免破坏混凝土的表面结构。

3.5.3　桩间网喷混凝土施工的技术措施

桩间网喷混凝土随土方开挖分层进行。每层土方开挖深度不大于 3m。土方开挖完成后,立即进行网喷混凝土施工。桩间钢筋网片采用 φ8 钢筋制作,网格间距 150mm×150mm;安装时在桩身植筋 φ16 的自扩底锚栓,深入桩体不小于 13cm,与网片筋挂接,然后喷射 10cm 厚早强 C25 混凝土。

网片钢筋安装完成后,在桩间预埋泄水管,水平间距与桩间距相等,竖向间距为 3m,梅花形布置,泄水管为 DN110mm×长 1m 的 PVC 管,需预埋进土体 75cm。泄水管必须在管身提前打好渗水孔,安装时使用土工布缠绕两层,防止泥沙流失,造成附近区域沉降。

桩间网喷混凝土施工工艺流程如图 3-12 所示。

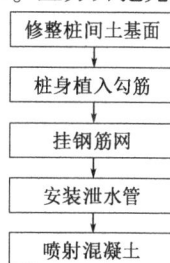

```
┌─────────────┐
│ 修整桩间土基面 │
└──────┬──────┘
┌──────┴──────┐
│ 桩身植入勾筋 │
└──────┬──────┘
┌──────┴──────┐
│  挂钢筋网   │
└──────┬──────┘
┌──────┴──────┐
│  安装泄水管  │
└──────┬──────┘
┌──────┴──────┐
│  喷射混凝土  │
└─────────────┘
```

图 3-12　桩间网喷混凝土施工工艺流程

3.5.4　预应力锚索的技术措施

(1)施工流程

围护桩钻孔→预埋锚孔套管→浇筑桩身混凝土→开挖一个施工段高度的边坡→外锚头混凝土浇筑→钻孔→清孔→穿锚索→内锚段注浆→锚索张拉→自由端注浆→外锚头封锚→开挖下一个施工段高度的边坡→循环至最后一个施工段。

(2)锚索施工方法及操作要求

①测放预留锚孔。

锚索所在位置的围护桩施工时,在围护桩钢筋笼安装时预埋锚孔套管,锚孔套管及锚索钻孔应按设计平面方位角和倾角精心施工,平面方位角垂直于坡面走向,锚索倾角及方位角误差不超过 ±1°。预埋锚孔套管两头封闭严实,防止灌注桩基混凝土时有混凝土进入。

②基坑分级开挖。

基坑应分级开挖,边开挖边支护,即开挖一级,支护一级,不得一次开挖到底。

③锚头施工。

在围护桩桩身锚孔预埋处进行锚头施工,桩身凿毛处理,锚垫板预埋与锚孔钢管位置准确,当安装混凝土垫座钢筋时可适当调整位置,确保锚索钢管和锚定板及锚具的埋设位置精准。如锚索与锚头钢筋相互干扰,可局部调整钢筋的间距。模板安装时应注意保护层的控制和模板的加固牢靠。最后进行混凝土浇筑,在混凝土浇筑时,尤其在锚孔周围,钢筋较密集,一定要仔细振捣,保证质量。

④钻孔。

根据围护桩预埋孔位,准确安装、固定钻机,并严格进行机位校准,孔位误差不得超过±20mm,钻孔倾角和方向必须符合设计要求,锚孔偏斜不应大于2%。

在地质条件较好且易成孔的情况下,采用潜孔钻干钻成孔。禁止采用水钻,以确保锚索施工不使边坡岩体的工程地质条件恶化,并保证孔壁的黏结性能。

在坡面围岩较松散,钻孔过程中遇到塌孔、缩孔、卡钻等不良钻进现象时,须立即停钻,并及时进行固壁灌浆处理,待水泥砂浆初凝后,重新扫孔钻进。钻孔过程中根据钻进情况及时调整注浆液浓度。

当钻孔地质条件为松散不易成孔的砂、砾石、破碎岩体且裂隙发育的不良地质时,采用单偏心扩孔跟管钻进成孔,同时对锚固段采用固壁灌浆二次成孔的方式成孔,从而封闭裂隙、固结锚固段周围的岩土体,避免下索后注浆可能出现长时间难以结束的现象。套管直径与设计锚孔直径相匹配,由壁厚6mm的钢管制作。

套管安装前先检查潜孔锤及套管直径,要求直径偏差小于10mm,然后安装第一节钻杆,装好后安装首节套管,开始钻孔,钻进首节套管长度后接长套管后继续钻进,跟管长度必须控制在每根锚索自由段设计长度。

钻孔速度根据使用的钻机性能和锚固地层严格控制,防止钻孔扭曲和变径,造成下锚困难或其他意外事故。钻进过程中对每个孔的地层变化,钻进状态(钻压、钻速)、地下水及一些特殊情况做好现场施工记录。钻孔孔径、孔深不得小于设计值。为确保锚孔直径,要求实际使用钻头直径不得小于设计孔径。

⑤清孔。

钻进达到设计深度后,不能立即停钻,要求稳钻1~2min,防止孔底尖灭,达不到设计孔径。钻孔孔壁不得有沉渣及水体黏滞,必须清理干净,在钻孔完成后,使用高压空气(风压0.2~0.4MPa)将孔内岩粉及水体全部清除至孔外,以免降低水泥砂浆与孔壁岩土体的黏结强度。除相对坚硬完整的岩体锚固外,不得采用高压水冲洗。若遇锚孔中有承压水流出,待水压、水量变小后方可下锚束与注浆,必要时在周围适当部位设置排水孔处理。

⑥锚孔检验。

孔径、孔深检查一般采用设计孔径、钻头和标准钻杆进行验孔,要求验孔过程中钻头平顺推进,不产生冲击或抖动,钻具验送长度满足设计锚孔深度,退钻要求顺畅,用高压风机吹验避免明显的飞溅尘渣及水体现象。同时要求复查锚孔孔位、倾角和方位,全部锚孔施工分项工作合格后,即可认为锚孔钻造检验合格。

⑦锚索体制作及安装。

采用 ϕ^s15.2 预应力无黏结钢绞线,先调直、截取钢绞线,其长度为钻孔实际长度 + 外锚墩厚度 + 千斤顶长度 + 工具锚和工作锚的厚度 + 张拉操作预留量,另外还要考虑截长误差,即多截出 1.5m。截取钢绞线宜用切割机,严禁用气焊和电弧焊切割。将截好的钢绞线平顺摆放好,逐条进行质量检查。锚索束按设计要求安装各组锚头及安装承载板、隔离架等。在锚索端安好导向帽后,平顺放好待用。将组装好的锚索抬至孔位处,经核对确认锚索与孔的编号一致后,先用高压风清孔,然后将锚索缓缓插入孔底,注浆管同锚索一起装入,管口与孔底要保持50cm 的距离。安装时要注意保持锚索顺直,放送用力要均匀,不要左右摆动。下锚索前,对每根锚索都要进行捆扎质量检查,确保无松动、无锈蚀等不良现象,并核对孔号,以免下错锚索。

⑧锚索注浆。

注浆采用分段注浆,首先对锚固段进行 M30 水泥砂浆注浆,待锚固段浆体强度达到100%设计强度后,方可张拉锚索,张拉后锚索在锚具外 50mm 处切断,然后进行二次注浆,该次注浆应采用封孔压力注浆,注浆压力为 0.3 ~ 0.5MPa。注浆完毕后应观察浆液的回落情况,若有回落应及时补浆。对每批次注浆采样进行浆体强度试验,水泥强度不低于 P.O42.5R,砂料采用中细砂,浆液水灰比 0.4 ~ 0.45,灰砂比为 1。当锚孔注浆量超出设计时,采用间歇灌浆、调节凝结时间、掺加速凝剂等措施进行处理。

⑨锚索张拉施工。

排桩式预应力锚索防护工程主要受力构件是围护桩和预应力锚索,所以预应力锚索张拉的施工质量是基坑防护工程的关键。锚索张拉在锚固注浆结石体抗压强度达到 20MPa 及达到设计强度的 80% 后进行。张拉时锚索体受力要均匀,并分别记录每一级钢绞线的伸长量。

⑩补浆和封锚。

补偿张拉后立即补浆,注浆方法同上。补浆后立即封锚,锚头部位涂上防腐剂后,用 C40混凝土封闭。

⑪基本试验。

锚索施工前应进行基本试验,通过基本试验确定锚固体与岩土层间黏结强度特征值、钢筋与锚固体间的黏结强度设计值、锚索设计参数和施工工艺。锚索锁定前应进行验收试验。

3.6 桩锚结构施工力学行为分析

近年来,随着城镇化建设的迅速发展,城市建设用地逐年减少,地下空间开发利用显得尤为重要,很多深复杂基坑随之出现,基坑稳定性和支护措施引起了广泛关注。重庆轨道交通10 号线兰花湖地下停车场为重庆市首个明挖地下停车场,其基坑的成功修建对于重庆地区的类似工程具有重要的参考和借鉴意义。

深基坑支护范围内岩层主要为砂质泥岩,其主要特征是强度低、抗风化能力差,基坑施工过程中存在沉降、失稳等风险。因此,针对砂质泥岩深基坑中桩锚支护结构的受力及基坑中变形规律的研究,意义重大。

3.6.1 计算条件简介

以重庆市轨道交通 10 号线兰花湖停车场土建工程为背景,该工程位于重庆工商大学兰花湖校区东北侧,南侧紧临兰花路,东侧紧邻回龙路,北侧紧临兰湖天小区,最近距小区距离 5m。停车场东西向长约 395m;南北向最窄处约 13.4m,最宽处约 81.4m。

通过有限元数值方法模拟开挖及支护过程,得出深厚砂质泥岩基坑施工中围护桩的变形规律;然后,对现场实际监控量测数据及不同理论计算方法下的地表沉降的模拟结果进行对比分析,提出适用于砂质泥岩地基沉降曲线的理论计算方法;此外,对锚索的轴力变化进行分析,得出基坑支护中锚索受力特性,优化砂质泥岩深基坑施工工法及支护参数,为类似基坑工程桩锚支护结构的设计及现场监控测提供参考。

基坑采用排桩式锚索挡土墙(桩 + 锚索)围护结构。基坑深 13~31m,区间底板下部设置桩基础,属于复杂超大、超深基坑,施工风险极大、环境敏感高。本基坑 16-16′断面(图 3-13)对附近回龙路及部分建筑存在影响,为确保基坑及周围环境的安全性与稳定性,需重点对 16-16′断面进行分析研究。16-16′断面主要采用排桩式锚索挡土墙作为围护结构,共采用 6 根锚索,10 根锚索进行锚固,围护桩采用 $\phi1000@3000$ 钻孔灌注桩,预应力锚索由 $15\phi^s15.2$ 预应力钢绞线构成,锚索 $\phi22@1500 \times 1500$ 采用梅花形布置。

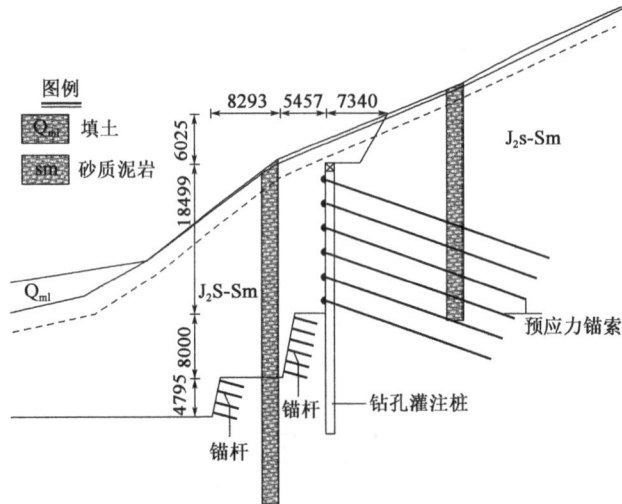

图 3-13 16-16′断面基坑支护断面图(尺寸单位:mm)

本基坑场地位于川东南弧形地带,华蓥山帚状褶皱束东南部,构造部位为重庆向斜东翼。出露的地层自上而下依次可分为素填土层、残坡积层及沉积岩层。素填土主要由粉质黏土夹砂岩、砂质泥岩块(碎)石组成骨架颗粒粒径。砂质泥岩主要呈紫红色,主要矿物成分为黏土矿物,中~厚层状构造。其中强风化层厚 0.9~2.5m,最大可达 5.9m,风化裂隙较为发育,岩体破碎,岩体基本质量分级为Ⅳ级。场地原始地貌属构造剥蚀丘陵地貌,受人类活动改造影响较大,第四系覆盖层厚度差异较大,下伏基岩为砂岩泥岩互层的陆相碎屑岩,含水率小。地下水富水性受地形地貌、岩性及裂隙发育程度控制,为降水和给排水管道渗漏补给。

3.6.2 有限元计算

（1）数值模型的建立

利用 Midas GTS NX 对本基坑 16-16' 断面开挖和支护的各个阶段进行模拟计算。由于兰花湖砂质泥岩基坑的复杂性，对模型进行了以下简化假定：

①基坑内岩土体及围护桩结构为各向同性材料，土体采用修正 Mohr-Coulomb 本构模型，混凝土围护桩、锚索均采用弹性本构模型。

②模拟基坑开挖过程中，忽略降水、活荷载因素的影响。基坑地下水含水率微弱，故不考虑地下水对模型的影响。

③由于支护桩与土的变形有很大差异，为了符合工程实际情况，在有限元模拟中增加桩土体接触界面单元进行模拟。

（2）计算参数选取

采用 Midas GTS NX 建立尺寸为 160m×80m 的二维有限元模型，其中基坑深约 35m，左右两个面约束 X 方向的位移，下面约束 Y 方向的位移，上为自由面，模型共含 9059 个单元、9144 个节点，如图 3-14 所示。采用平面应变单元模拟填土、砂质泥岩，采用植入式桁架单元模拟锚索，6 根锚索预加轴力均为 990kN，具体各层岩土体参数如表 3-3 所示，支护模型所采用的具体参数如表 3-4 所示，锚索选取参数如表 3-5 所示。

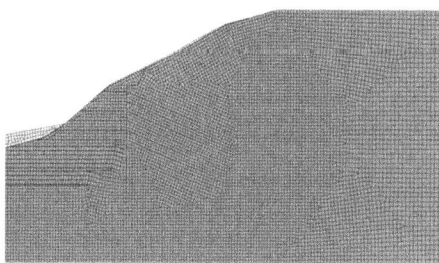

图 3-14 基坑有限元分析模型

各层岩土体参数 表 3-3

名称	重度（kN/m³）	c（kPa）	φ（°）	泊松比 μ	弹性模量（MPa）
填土	20	5	28	0.38	12
砂质泥岩	24	500	30	0.4	1240

支护模型参数 表 3-4

名称	重度（kN/m）	泊松比 μ	弹性模量（MPa）
围护桩	23.5	0.2	31500
锚索	76.98	0.3	200000

锚索参数 表 3-5

层号	锚索总长（m）	锚固长度（m）	入射角（°）	预应力（kN）
1	28	14	20	990
2	26.94	14	20	990
3	25.47	14	20	990
4	24	14	20	990
5	22.527	14	20	990
6	21.055	14	20	990

（3）施工步骤的设置

数值模拟中把土层划分为 17 层进行开挖,分层施工见表 3-6。为便于分析围护桩与地表沉降的位移,选取 1、4、7、10、13、17 等 6 个具有代表性的工况进行分析研究。

分层施工表 表 3-6

工况	基坑深度（m）	设置支护情况
1	4.86	开挖第 1 层土体并打入第 1 根锚索
2	7.82	开挖第 2 层土体并打入第 2 根锚索
3	10.8	开挖第 3 层土体并打入第 3 根锚索
4	13.9	开挖第 4 层土体并打入第 4 根锚索
5	16.8	开挖第 5 层土体并打入第 5 根锚索
6	19.8	开挖第 6 层土体并打入第 6 根锚索
7	22.3	开挖第 7 层土体并打入第 1 根锚索
8	23.6	开挖第 8 层土体并打入第 2 根锚索
9	24.5	开挖第 9 层土体并打入第 3 根锚索
10	25.3	开挖第 10 层土体并打入第 4 根锚索
11	26.3	开挖第 11 层土体并打入第 5 根锚索
12	28	开挖第 12 层土体并打入第 6 根锚索
13	29.3	开挖第 13 层土体并打入第 7 根锚索
14	33.1	开挖第 14 层土体并打入第 8 根锚索
15	34.4	开挖第 15 层土体并打入第 9 根锚索
16	35.3	开挖第 16 层土体并打入第 10 根锚索
17	36.3	开挖第 17 层土体

3.6.3 计算结果分析

（1）围护桩位移分析

模拟基坑施工整体的位移变化情况如图 3-15 所示,在模拟中规定,向基坑外方向为正,向基坑内方向为负。如图 3-15 所示,基坑施工完成后,基坑边缘 x 方向整体朝坑内移动,y 方向基坑外部地表下沉,基坑内部地表隆起。这是基坑开挖导致的应力释放,使围护桩向内部变形,同时使基坑内部地基卸荷回弹,使基坑外部地表沉降,内部地基隆起。

桩体水平位移现场实际监控量测如图 3-16 所示,桩体水平位移测量选用 70mm 专用测斜管,将每根 4m 的测斜管逐节进行对接,将测斜管绑扎固定在围护结构钢筋笼内侧,使孔内导槽对准钢筋笼。通过测量测斜仪轴线与铅垂线之间夹角的变化,可测量不同深度土体的水平位移。

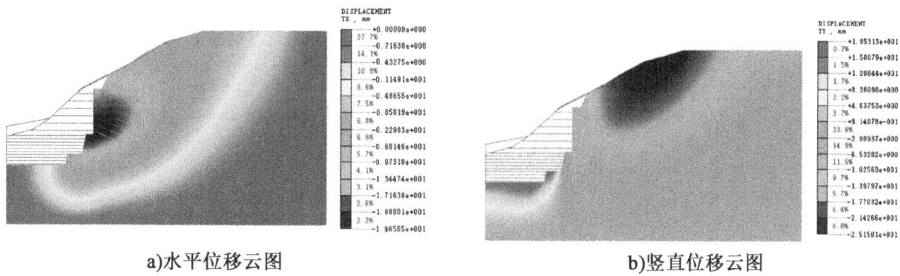

a)水平位移云图   b)竖直位移云图

图 3-15 工况 17 下基坑位移云图

图 3-16 现场支护桩桩体深层水平位移监测

围护桩桩体水平位移模拟结果如图 3-17 所示。从图中可以看出,随着基坑开挖深度的增加,围护桩的整体水平位移逐渐增加,这是由于在基坑施工过程中,未开挖的岩土体产生的侧向土压力引起围护桩产生水平位移,在施工初期开挖较浅,故桩的水平位移变化量较小。在工况 4 下,桩的水平位移曲线呈现出线性减小的趋势,在 7、10、13、17 四种工况下,桩的水平位移曲线逐渐变为抛物线形。表 3-7 为各工况下水平方向最大位移以及最大位移出现在桩体的位置。

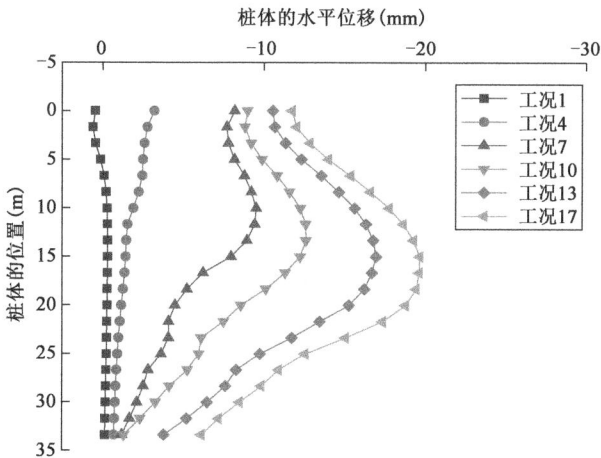

图 3-17 各工况下模拟基坑围护桩水平位移

基坑桩体水平位移汇总   表 3-7

工况	水平方向最大位移（mm）	最大位移处距离桩顶（m）
1	0.29	13.36
4	3.17	0
7	9.5	10.02
10	12.59	13.3
13	16.94	15
17	19.65	15.03

由模拟结果可以看出,砂质泥岩深基坑水平位移变形主要有两种形态特征:第一种是水平位移随着深度线性减小,呈现出三角形,这种特征出现在基坑开挖的初期;第二种是桩体的水平位移随深度的加深而增大到最大值后再逐渐减小,呈现出抛物线形,这种特征主要出现在开挖深度达到基坑深度的中后期。这是由于基坑在开挖时,支护桩嵌固段的主动土压力被抵消了一部分,刚开始嵌固段较深,故水平位移线性减小,开挖到中后期嵌固段变浅,故水平位移呈现出抛物线形。

工况 17 现场实际测量围护桩水平位移与模拟计算结果如图 3-18 所示。数值模拟结果显示,桩的最大水平位移在距离桩顶 15m 的位置,最大值为 19.65mm。实际测量中,桩的最大水平位移在距离桩顶 13.36m 处,最大值为 18.64mm。两者存在一定误差,这是由于实际基坑工程受人为、周边环境、车辆荷载等复杂因素影响,在模拟计算中无法体现,故实际监测结果与模拟计算结果存在一定的误差。但从整体上来看,模拟计算与实际监测水平位移的曲线基本趋势是一致的,这表明模拟的方法以及选取的力学参数基本合理,数值模拟在一定程度上能够反映实际基坑的变形结果。同时,桩体最大水平位移量满足《建筑基坑工程监测技术规范》(GB 50497—2019)[17] 中警戒值的要求,说明基坑支护方案安全合理。

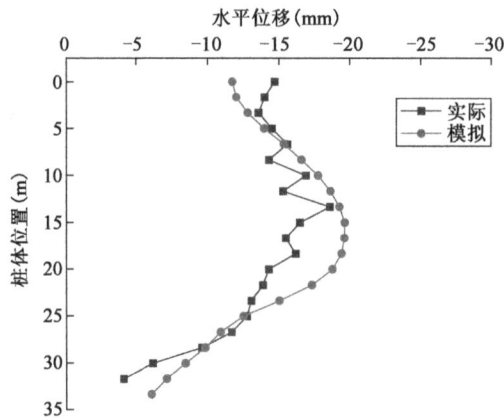

图 3-18 工况 17 围护桩水平位移对比图

（2）地表沉降模拟分析

图3-19为不同工况下基坑边缘地表沉降图。从图中可以看出,基坑地表沉降的影响范围约为70m,是基坑开挖深度的2～3倍。从施工过程来看,开挖初期基坑附近地表的沉降量变化并不明显,地表沉降量随着基坑开挖深度增加而增大。从单一曲线来看,初期(工况1、4)沉降量随与基坑边缘距离的增加而不断减小,呈现出三角形。当基坑开挖到1/2深度(工况7～17)处,地基沉降随与基坑边缘距离的增加呈先增大后减小的变化规律,其中在距基坑边缘约20m处,地基沉降量最大,土体的沉降最大值并没有在距离基坑最近的位置出现,这是由于基坑附近的桩锚结构与周围土体相互作用的结果。在距基坑边缘约70m处沉降值几乎为0,这说明基坑开挖对此处土体的影响较小。

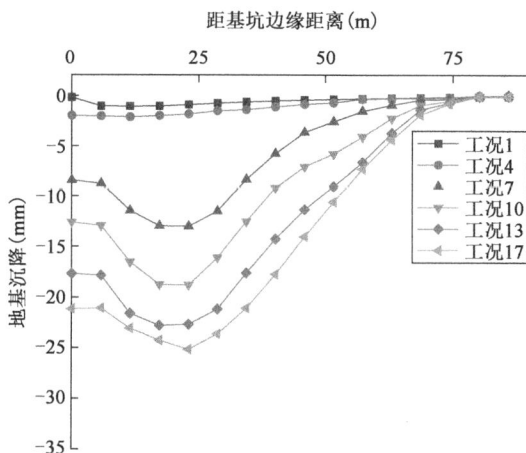

图3-19 不同工况下基坑边缘地表沉降图

此外,砂质泥岩基坑施工过程中,地表沉降主要分布在距离基坑10～50m的范围内。在施工过程中应加强对此范围的监测,以及时反映变化情况,保证施工安全。为分析基坑的变形规律,根据图3-20所示三角形沉降理论和综合正态分布沉降理论计算地表沉降。将工况17条件下基坑沉降理论计算结果与模拟计算结果进行对比(图3-21)可以得出,在三角形沉降理论计算之中,最大沉降值在基坑边缘处,大小为48mm,随后沉降值随着远离基坑方向逐渐减小,在距离基坑边缘约40m处时几乎无沉降变化。综合正态分布沉降理论计算的最大沉降量为16.61mm,位于距离基坑边缘5m处,曲线整体呈正态分布。因此,综合正态分布沉降理论计算结果更符合数值模拟结果和监测结果,说明在砂质泥岩深基采用综合正态分布理论对基坑最终沉降值进行估算更合理。

（3）锚索受力分析

当基坑开挖到最底部时(工况17),因每排锚索设计轴力相同且变化较小,选取第一排锚索轴力进行分析,基坑锚索轴力图如图3-22所示。从图中可以看出,在锚索端头处锚索的轴力最大,为989.86kN。随后逐渐减小,在距离端头14m位置处锚索轴力下降为494.98kN,轴力下降约50%。从距离端头14m到锚索端尾处,轴力逐渐趋于0。

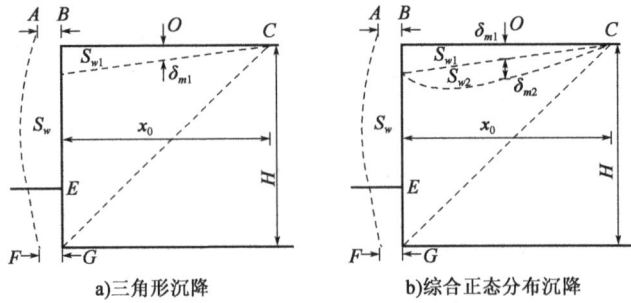

a)三角形沉降   b)综合正态分布沉降

图 3-20　地表沉降计算示意图

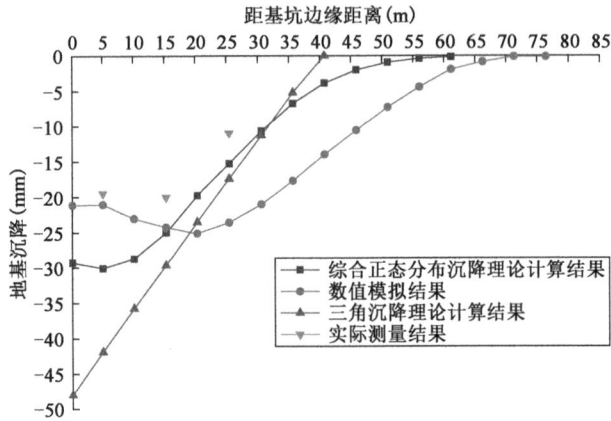

图 3-21　基坑沉降理论计算与模拟计算对比图

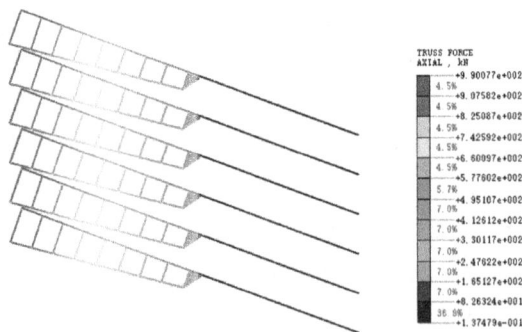

图 3-22　基坑锚索轴力图

为了更好地研究锚索的受力情况,将数值模拟结果与现场监测数据进行对比分析。现场监测将振弦式锚索测力计布置到锚索上进行测量,图 3-23 为第一排锚索监测数据与模拟结果对比曲线。从图中可以看出,数值模拟结果与现场监测结果均表明锚索轴力总体损失量较小。现场监测结果表明,锚索在前 2 个工况预应力损失较快,开挖至工况 7 后预应力损失逐渐趋于稳定。数值模拟结果表明前6个工况预应力损失较快,之后预应力损失逐渐趋于稳定。对比数值模拟结果与现场监测结果发现,锚索轴力的变化趋势是一致的,表明锚索轴力在基坑施工前期变化较大,但损失量在规定警戒值787.2kN以内。当基坑开挖深度超过其设计深度的1/2时,锚索轴力趋于稳定。因此,在基坑锚索支护过程中,施工人员需做好前期的监测工作,以确保锚索结构正常工作。

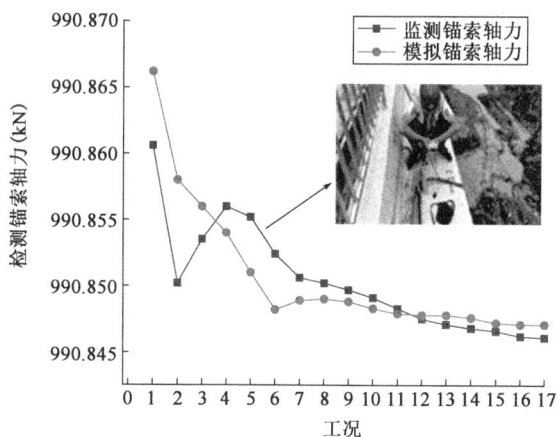

图3-23 第1排锚索轴力变化对比图

本章参考文献

［1］ TERZAGHI K,PECK R B. Soil Mechanics in Engineering Practice(2nd)[M]. New York: Wiley&Sonslnc. 1976,729-731.

［2］ PECK R B. Deep Excavations and Tunneling in Soft Ground[J]. Proc. of 7th ICSMFE,Mexico, 1969.

［3］ BJERRUM L,EIDE O. Stability of strutted excavations in clay[J]. Géotechnique,2008,6(1): 32-47.

［4］ 徐雅丽.深基坑桩锚支护结构的优化设计与模拟分析[D].包头:内蒙古科技大学,2023.

［5］ LI A L,ROWE R K. Effects of viscous behavior of geosynthetie reinforcementand foundation soils on the performance of reinforced embankments [J]. Geotextiles and Geomembranes, 2008,26(4):317-334.

［6］ PRABAKAR J,DENDORKAR N,MORCHHALE R K. Influence of fly ash on strength behavior oftypical soils[J]. Construction and Building Materials,2004,18(4):263-267.

［7］ 黄云飞,深基坑工程实用技术[M].北京:兵器工业出版社,2000:1-187.

［8］ RAO S N,LATHA K H,PALLAVI B,et al. Studies on pullout capacity ofanchors in marine clays for mooring systems[J]. Applied Ocean Research,2006,28(2):103-111.

［9］ AUBENY C,MURFF J D. Simplified limitsolutionsfor the capacity of suctionanchors under undrained conditions[J]. Ocean Engineering,2005,32(7):864-877.

［10］ VERMEER P A, PUNLOR A, RUSE N. Arching effects behind a soldier pile wall［J］. Computers and Geotechnics,2001,28(6):379-396.

［11］ ILAMPARUTHI K, DICKIN E A. Predictions of the uplift response of model belled pilesingeogrid-cell-reinforced sand ［J］. Geotextiles and Georaembranes, 2001, 19（2）: 89-109.

［12］ 樊少鹏,肖碧,王公彬,等.三峡船闸高边坡锚索预应力损失监测成果分析［J］.人民长江,2015,46(24):82-87.

［13］ 李英勇,王梦恕,张顶立,等.锚索预应力变化影响因素及模型研究［J］.岩石力学与工程学报,2008(S1):3140-3146.

［14］ 中华人民共和国住房和城乡建设部.建筑地基与基础工程施工质量验收规范:GB 50202—2018［S］.北京:中国计划出版社,2018.

［15］ 重庆市城乡建设委员会.建筑边坡工程技术规范:GB 50330—2013［S］.北京:中国建筑工业出版社,2013.

［16］ 中华人民共和国住房和城乡建设部.建筑桩基技术规范:JGJ 94—2008［S］.北京:中国建筑工业出版社,2008.

［17］ 中华人民共和国住房和城乡建设部.建筑基坑工程监测技术标准:GB 50497—2019［S］.北京:中国计划出版社,2019.

第 4 章
CHAPTER 4

超大深基坑桩锚支护设计

随着城市建设的发展,高层建筑和市政工程大量涌现,大量地下空间被开发,基坑工程呈现开挖面积大、开挖深度深、形状复杂、支护结构形式多样和周边环境保护要求严格等特点。由于城市建设用地的局限性、周边环境的严峻性以及深基坑在开挖过程中所涉及场地地质条件的复杂性和不确定性,深基坑工程研究仍然是极具挑战性、高风险性、高难度的岩土工程技术热点课题。

为了保证结构工程的施工安全以及周边环境的安全,必须依靠基坑支护控制土体变形,深基坑支护设计需要充分考虑各种因素,结合实际情况制订合理的支护方案。深基坑支护设计需要充分考虑基坑深度、地下水位、周围建筑物、地下管线、地质条件、支护材料选用、支护结构设计、监测和保护、施工技术等因素。同时,在支护施工过程中需要严格按照设计方案进行施工,并进行监测和保护,及时发现和处理问题,保证施工过程的安全和稳定。

4.1 基坑总体设计方案

4.1.1 基本要求与原则

基坑支护作为一个结构体系,需要满足稳定和变形的要求,即满足承载能力极限状态和正常使用极限状态。在承载力极限状态方面,基坑支护设计要有足够的安全系数,以免支护结构失稳,在保证不出现失稳的条件下,还要控制位移量,不影响周边建筑物的安全使用。

在深基坑支护设计中,设计人员要充分考虑各影响因素对支护结构变形的影响,并开展相关计算。支护结构变形计算中,设计人员要尽量保证各项计算项目数据与结果的真实、准确,以便在发生突发事件时,可迅速提出整改方案;支护结构是建筑工程项目地基部分施工的重要环节,其强度是否符合国家相关工程质量标准与技术要求,将直接关系到地基工程项目的整体质量、耐久性、使用年限等。

深基坑支护设计的基本要求与原则是指在保证基坑工程的安全、稳定和变形控制的前提下,选择合理的支护结构类型、参数和施工方法,以达到技术可行、经济合理和环境友好的目的。深基坑支护设计应遵循以下原则:

①根据基坑所处的地理位置、与周围建筑物的关系、基坑规模及开挖深度、工程地质与水文地质条件、施工期间对地面交通和周边环境的影响、施工技术、施工工期等因素,通过多方案经济技术比选,确定安全可靠、技术可行、施工方便、经济合理的支护方案,对不同区段和关键部位重点加固。

②基坑支护结构应满足承载能力极限状态和正常使用极限状态两种极限状态的要求,即保证足够的安全系数和控制变形范围。

③基坑支护结构应考虑施工过程中的变化,如开挖深度、土压力、水位、邻近建筑物等,采取适当的监测和调整措施,以保证支护结构的安全。

④基坑支护结构应尽量减少对周边环境的影响,如噪声、振动、扬尘等,采取有效的防护和治理措施,以保护周边居民的健康和建筑物的安全。

4.1.2 设计内容

深基坑工程施工事故一旦发生,极易造成伤亡事故,施工方案及施工过程中各种安全预控措施不到位,是深基坑工程施工事故发生的主要原因之一。根据国家有关规定[1]要求,深基坑工程施工必须编制监理细则,明确深基坑工程的技术要求和施工现场的检查要点。深基坑支护的设计内容主要包括以下几点:

①选择支挡结构与支撑系统以及降水系统。

②验算坑底稳定性。

③计算土压力。

④估计或根据力矩平衡原理计算支挡结构入土深度。

⑤计算结构最大弯矩,选择适当刚度截面。

⑥计算支撑系统的轴向力,进行支撑系统分析与设计。

⑦限制支挡结构侧向位移和支护后地面沉降等。

4.1.3 设计流程

深基坑支护设计思路主要考虑以下几个方面:深基坑工程的整体性、工程实践经验、施工组织管理、信息法施工、安全监控和反馈设计。

(1)强调深基坑工程的整体性

设计和施工中要综合考虑工程地质条件、环境条件、施工技术水平、基坑工程施工对工程地质体和环境的影响、技术经济性的优劣等,即要把基坑工程作为一个系统工程来研究。重视价值工程研究,注重各种设计方案的技术经济分析,强调各种技术优势的综合运用,并根据基坑工程各边边坡的不同情况、不同要求,提出不同的设计思想和控制标准,从而降低工程造价。

(2)重视工程实践经验,强调施工组织管理

由于基坑工程的复杂性、多变性,许多问题并非计算所能解决的;所以工程经验类比的方法仍是解决问题的主要途径之一。设计与施工密不可分,施工工艺的成功与否关系到整个设计方案的成败,必须根据特定的地质和环境条件选取适宜的施工工艺,方能保证设计思想的实现。

(3)强调信息法施工,注重安全监控和反馈设计

因为深基坑工程的工程地质水文勘察资料、环境情况调查、支护设计计算模型等都难以与实际情况完全相符,因此基坑工程设计人员现场跟班作业,对基坑工程施工实施实时监控,根据开挖显露出的地质水文条件变化情况(基坑工程地质体输出的新信息)和基坑变形监测结果进行分析,及时调整设计,达到控制变形、保护环境的目的。

深基坑设计的一般流程为:

①了解基坑工程背景,取得结构设计所需原始资料,收集设计参考资料,并制订工作计划。

②确定支护结构方案、细部结构方案、基础方案、支护结构主要构造措施及特殊部位的处理。

③支护结构布置和结构计算简图。

④支护结构的荷载计算、承载力和稳定性计算及构造设计。

⑤支护结构方案设计说明书、计算书和设计图纸等。

4.2 基坑支护设计计算

4.2.1 基坑支护设计控制标准的确定

根据中华人民共和国行业标准《建筑基坑支护技术规程》(JGJ 120—2012)[1]的规定,基坑支护结构应采用以分项系数表示的极限状态设计方法进行设计。基坑支护结构的极限状态可以分为承载能力极限状态和正常使用极限状态两类。承载能力极限状态对应于支护结构达到最大承载能力或土体失稳、过大变形导致支护结构或基坑周边环境破坏的情况。正常使用极限状态对应于支护结构的变形妨碍地下结构施工或影响基坑周边环境的正常使用功能。

基坑侧壁的安全等级分为三级,不同等级采用相对应的重要性系数。基坑侧壁安全等级及重要系数如表4-1所示。

基坑侧壁安全等级及重要系数　　　　　　　　　　　　　表 4-1

安全等级	破坏后果	重要性系数 γ_0
一级	支护结构失效、土体过大变形对基坑周边环境或主体结构施工安全的影响很严重	1.10
二级	支护结构失效、土体过大变形对基坑周边环境或主体结构施工安全的影响严重	1.00
三级	支护结构失效、土体过大变形对基坑周边环境或主体结构施工安全的影响不严重	0.90

对于基坑工程分级的标准,各地不尽相同,各地区、各城市根据自己的特点和要求作了相应的规定,以便于进行岩土勘察、支护结构设计、审查基坑工程施工方案等。例如,我国目前施工深基坑工程较多的上海市,其标准《基坑工程设计规程》(DBJ 08-61—97)[2]将基坑分为以下三级。

①符合下列情况之一时,属于一级基坑工程:

a. 支护结构作为主体结构的一部分时;

b. 基坑开挖深度大于等于 10m 时;

c. 距基坑边两倍开挖深度范围内有历史文物、近代优秀建筑、重要管线等需严加保护时。

②开挖深度小于 7m,且周围环境无特别要求时,属三级基坑工程。

③除一级和三级基坑工程以外的,均属二级基坑工程。

重庆地区基坑支护工程应根据其破坏可能产生的后果(危及人的生命、造成的经济损失、产生的社会不良影响)严重性,按表 4-2 确定其安全等级及重要性系数 γ_0[3]。

基坑支护工程安全等级及重要性系数 γ_0　　　　　　　　表 4-2

安全等级	破坏后果、对周边环境的影响程度	重要性系数 γ_0
一级	很严重	1.10
二级	严重	1.00
三级	不严重	0.90(临时)、1.0(永久)

注:1. 同一基坑的不同部位,可根据实际情况采用不同的安全等级。

　2. 基坑永久支护工程安全等级不应低于受其影响的建(构)筑物安全等级。

　3. 临时基坑支护的设计使用年限应为 2 年;基坑永久支护结构使用年限不应低于受其影响的建(构)筑物的使用年限。

在计算围护结构的安全系数,计算板式支护体系的抗隆起稳定性安全系数、抗倾覆稳定安全系数等时,都与基坑工程的等级有关。因此,在进行基坑工程设计和施工之前,首先要确定其等级,然后分别按不同的要求进行设计和施工。

支护结构设计应考虑其结构水平变形、地下水的变化对周边环境的水平与竖向变形的影响。对于安全等级为一级和对周边环境变形有限定要求的二级建筑基坑侧壁,应根据周边环境对变形的适应能力和土的性质等因素,确定支护结构的水平变形限值。

当地下水位较高时,应根据基坑及周边区域的工程地质条件、水文地质条件、周边环境情况和支护结构形式等因素,确定地下水的控制方法。当基坑周围有地表水汇流、排泄或地下水管渗漏时,应妥善对基坑采取保护措施。

4.2.2　基坑支护结构的设计荷载

（1）荷载分类

①按随时间变异分类

a. 永久作用（永久荷载或恒载）。在设计基准期内，其值不随时间变化或其变化可以忽略不计。如结构自重、土压力、预加应力、混凝土收缩、基础沉降、土体自重等。

b. 可变作用（可变荷载或活载）。在设计基准期内，其值随时间变化。如安装荷载、汽车荷载、雪荷载、风荷载、吊车荷载、积灰荷载等。

c. 偶然作用（偶然荷载、特殊荷载）。在设计基准期内可能出现，也可能不出现，而一旦出现，其值很大，且持续时间较短。例如，爆炸力、撞击力、地震、台风等。

②按结构反应分类

a. 静荷载。不使结构或结构构件产生加速度或所产生的加速度可以忽略不计的荷载，如结构自重、住宅与办公楼的楼面活荷载、雪荷载等。

b. 动荷载。使结构或结构构件产生不可忽略的加速度的荷载，如地震作用、吊车设备振动、高空坠物冲击作用等。

③按荷载作用面大小分类

a. 均布面荷载。建筑物楼面或墙面上分布的荷载，如铺设的木地板、地砖、花岗石、大理石面层等引起的荷载，都属于均布面荷载。

b. 线荷载。建筑物原有的楼面或屋面上的各种面荷载传到梁上或条形基础上时，可简化为单位长度上的分布荷载，称为线荷载。

c. 集中荷载。在建筑物原有的楼面或屋面上放置或悬挂较重物品（如洗衣机、冰箱、空调机、吊灯等）时，其作用面积很小，可简化为作用于某一点的集中荷载。

④按荷载作用方向分类

a. 垂直荷载。如结构自重、雪荷载等。

b. 水平荷载。如风荷载、水平地震作用等。

（2）支护结构设计时主要考虑的荷载作用

①土压力。

②静水压力、渗流压力。

③基坑开挖影响范围以内的建、构筑物荷载、地面超载、施工荷载及邻近场地施工的影响。

④温度变化及冻胀对支护结构产生的内力和变形。

⑤临水支护结构尚应考虑波浪作用和水流退落时的渗流力。

⑥作为永久结构使用时，建筑物的相关荷载作用。

⑦基坑周边主干道交通运输产生的荷载作用。

4.2.3　支护结构内力计算

支护结构的内力和变形分析宜采用侧向弹性地基反力法计算。土的侧向地基反力系数可通过单桩水平载荷试验确定。

支护结构计算的侧向弹性抗力法源于单桩水平力计算的侧向弹性地基梁法。采用理论方法计算桩的变位和内力时,通常采用文克尔假定的竖向弹性地基梁的计算方法。地基水平抗力系数的分布图式常用的有常数法、k 法、m 法、c 法等。不同分布图式的计算结果往往相差很大。国内常采用 m 法,假定地基水平抗力系数 k_x 随深度正比例增加,即 $k_x = mz$,z 为计算点的深度,m 为地基水平抗力系数的比例系数。按弹性地基梁法求解桩的弹性曲线微分方程式,即可求得桩身各点的内力及变位值。基坑支护桩计算的侧向弹性抗力法,即相当于桩受水平力作用时计算桩内力的 m 法。

(1)地基水平抗力系数的比例系数 m 值

m 值不是一个定值,其与现场地质条件,桩身材料与刚度,荷载水平与作用方式以及桩顶水平位移取值大小等因素有关。通过理论分析可得,作用在桩顶的水平力与桩顶位移 X 的关系如式(4-1)所示:

$$X = \frac{H}{\alpha^3 EI} A \tag{4-1}$$

式中:H——作用在桩顶的水平力(kN);

A——弹性长桩按 m 法计算的无量纲系数;

EI——桩身的抗弯风度;

α——桩的水平变形系数,$\alpha = \sqrt[5]{\dfrac{mb_0}{EI}} \cdot \left(\dfrac{1}{m}\right)$,其中 b_0 为桩身计算宽度(m),无试验资料时,m 值可从表4-3中选用。

非岩石类土的比例系数 m 值表　　　　　　　表4-3

地基土类别	预制桩、钢桩		灌注桩	
	m(MN/m⁴)	相应单桩地面处水平位移(mm)	m(MN/m⁴)	相应单桩地面处水平位移(mm)
淤泥、淤泥质土和湿陷性黄土	2 ~ 4.5	10	2.5 ~ 6.0	6 ~ 12
液塑($I_l > 1$)和软塑($0 < I_l \leqslant 1$)状黏性土、$e > 0.9$ 粉土、松散粉细砂、松散填土	4.5 ~ 6.0	10	6 ~ 14	4 ~ 8
可塑($0.25 < I_l \leqslant 0.75$)状黏性土、$e = 0.9$ 粉土、湿陷性黄土、稍密和中密的填土、稍密细砂	6.0 ~ 10.0	10	14 ~ 35	3 ~ 6
硬塑($0 < I_l \leqslant 0.25$)和坚硬($I_l \leqslant 0$)的黏性土、湿陷性黄土、$e < 0.9$ 粉土、中密的中粗砂、密实老黄土	10.0 ~ 22.0	10	35 ~ 100	2 ~ 5
中密和密实的砾砂、碎石类土	—	—	100 ~ 300	1.5 ~ 3

（2）基坑支护桩的侧向弹性地基抗力法

基坑支护桩内力分析的计算简图如图 4-1 所示。图 4-1a）为基坑支护桩示意图,图 4-1b）为基坑支护桩上作用的土压力分布图。在开挖深度范围内,通常取主动土压力分布图式,支护桩入土部分,为侧向受力的弹性地基梁[图 4-1c）],地基反力系数取 m 法图形,内力分析时,常按杆系有限元-结构矩阵分析解法求支护桩身的内力、变形解。

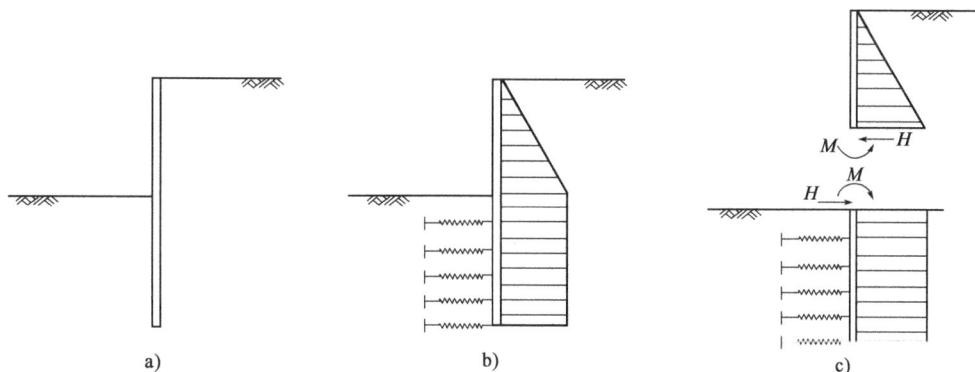

图 4-1　侧向弹性地基抗力法

当采用密排桩支护时,土压力可作为平面问题计算。当桩间距比较大时,形成分离式排桩墙。桩身变形产生的土抗力不仅仅局限于桩自身宽度的范围内。从土抗力的角度考虑,桩身截面的计算宽度和桩径之间有如表 4-4 所示的关系。

桩身截面计算宽度 b_0/m 　　　　　　　　　　　表 4-4

截面宽度 b 或直径 $d(m)$	圆桩	方桩
>1	$0.9(d+1)$	$b+1$
≤1	$0.9(1.5d+0.5)$	$1.5b+0.5$

由于侧向弹性地基抗力法能较好地反映基坑开挖和回填过程各种工况与复杂情况对支护结构受力的影响,是目前工程界最常用的基坑设计方法。

4.2.4　基坑稳定性验算

基坑开挖时,坑内土体被挖出导致地基应力场和变形场发生变化,可能会引起地基失稳,如地基滑坡、坑底隆起及涌砂等。所以在进行支护设计时,需要验算基坑稳定性,必要时应采取适当的防范措施,确保地基的稳定。

（1）验算内容

对有支护的基坑全面地进行基坑稳定性分析和验算,是基坑工程设计的重要环节之一。目前,对基坑稳定性验算主要包含基坑整体稳定性验算、基坑的抗隆起稳定性验算、基坑底抗渗流稳定性验算。

（2）验算方法及计算过程

①基坑整体抗滑稳定性验算。

采用圆弧滑动面验算板式支护结构和地基的整体稳定抗滑动稳定性时[4]，应注意支护结构一般有内支撑或外拉锚索结构、墙面垂直等。不同于边坡稳定验算的圆弧滑动，滑动面的圆心一般在挡土墙上方、基坑内侧附近。通过试算确定最危险的滑动面和最小安全系数。考虑内支撑或者锚拉力的作用时，通常不会发生整体破坏。因此，当支护结构设置外拉锚索时可不做基坑的整体抗滑移稳定性验算，锚拉式、悬臂式支挡结构和双排桩均应进行整体稳定性验算。

整体稳定性验算方法是按平面问题考虑，以瑞典圆弧滑动条分法为基础（图4-2）。在进行力矩极限平衡状态分析时，仍以圆弧滑动土体为分析对象，并假定滑动面上土的剪力达到极限强度的同时，滑动面外锚索拉力也达到极限拉力。因此，应在极限平衡关系上，增加锚索拉力对圆弧滑动体圆心的抗滑力矩。整体圆弧滑动稳定安全系数按式（4-2）和式（4-3）进行计算：

$$\min\{K_{s,1},K_{s,2},\cdots,K_{s,i}\cdots\} \geq K_s \tag{4-2}$$

$$K_{s,i} = \frac{\sum\{c_j l_j + [(\Delta G_j b_j + \Delta G_j)\cos\theta_j - u_j l_j]\tan\varphi_j\} + \sum R'_{K,k}[\cos(\theta_j+\alpha_k)+\psi_V]/S_{x,k}}{\sum(q_j b_j + \Delta G_j)\sin\theta_j} \tag{4-3}$$

式中：K_s——圆弧滑动稳定安全系数；安全等级为一级、二级、三级的支挡结构，K_s 分别不应小于1.35、1.3、1.25；

$K_{s,i}$——第 i 个圆弧滑动体的抗滑力矩与滑动力矩的比值；抗滑力矩与滑动力矩之比的最小值宜通过搜索不同圆心及半径的所有潜在滑动圆弧确定；

c_j,φ_j——第 j 土条滑弧面处土的黏聚力（kPa）、内摩擦角（°）；

b_j——第 j 土条的宽度（m）；

θ_j——第 j 土条滑弧面中点处的法线与垂直面的夹角（°）；

l_j——第 j 土条的滑弧段长度（m），取 $l_j = b_j/\cos\theta_j$；

q_j——第 j 土条上的附加分布荷载标准值（kPa）；

ΔG_j——第 j 土条的自重（kN），按天然重度计算；

u_j——第 j 土条在滑弧面上的孔隙水压力（kPa）；采用落底式截水帷幕时，对地下水位以下的砂土、碎石土、砂质粉土，在基坑外侧，可取 $u_j = \gamma_w h_{wa,j}$，在基坑内侧，可取 $u_j = \gamma_w h_{wp,j}$；滑弧面在地下水位以上或对地下水位以下的黏性土，取 $u_j = 0$；

γ_w——地下水重度（kN/m³）；

$h_{wa,j}$——基坑外侧第 j 土条滑弧面中点的压力水头（m）；

$h_{wp,j}$——基坑内侧第 j 土条滑弧面中点的压力水头（m）；

$R'_{K,k}$——第 k 层锚索在滑动面以外的锚固段极限抗拔承载力标准值与锚索杆体受拉承载力标准值（$f_{ptk}A_p$）的较小值（kN）；进行锚固段的极限抗拔承载力计算时，锚固段应取滑动面以外的长度；对悬臂式、双排桩支挡结构，不考虑：

$$\sum R'_{K,k}[\cos(\theta_j+\alpha_k)+\psi_V]/S_{x,k}$$

α_k——第 k 层锚索的倾角（°）；

$S_{x,k}$——第 k 层锚索的水平间距（m）；

ψ_V——计算系数，可按 $\psi_V = 0.5\sin(\theta_j+\alpha_k)\tan\varphi$ 取值，此处 φ 中为第 k 层锚索与滑弧交点处土的内摩擦角（°）。

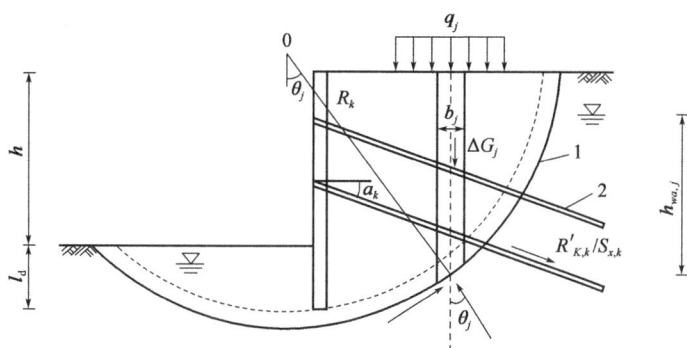

图 4-2 圆弧滑动条分法整体稳定性验算
1-任意圆弧滑动面;2-锚索

整体稳定性验算最危险滑弧的搜索范围限于通过挡土构件底端的滑弧,穿过挡土构件的滑弧不需验算。这是因为支护结构的平衡性和结构强度已通过结构分析解决,在截面抗剪强度满足剪应力作用下的抗剪要求后,挡土构件不会被剪断。因此,滑动面不会穿过挡土构件。当挡土构件底端以下存在软弱下卧土层时,整体稳定性验算滑动面中应包括由圆弧与软弱土层层面组成的复合滑动面。

②基坑抗隆起稳定性验算(图4-3)。

采用同时考虑 c、φ 的计算方法,按照式(4-4) ~ 式(4-6)进行抗隆起稳定性验算:

$$K_s = \frac{\gamma_2 D_q + c N_c}{\gamma_1 (H + D) + q} \tag{4-4}$$

$$N_q = \tan^2 \left(45° + \frac{\varphi}{2}\right) e^{\pi \tan\varphi} \tag{4-5}$$

$$N_c = \left(N_q - 1\right) \frac{1}{\tan\varphi} \tag{4-6}$$

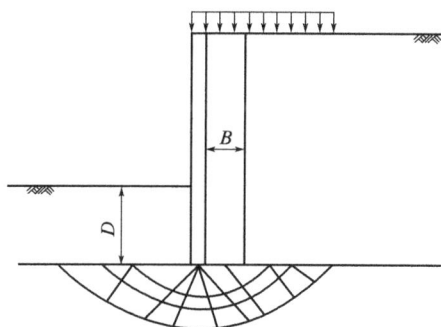

图 4-3 基坑抗隆起稳定性验算

式中:D——墙体插入深度(m);

H——基坑开挖深度(m);

q——地面超载(kPa);

γ_1——坑外地表至墙底,各土层天然重度的加权平均值;

γ_2——坑内开挖面以下至墙底,各土层天然重度的加权平均值;

D_q,N_c——地基极限承载力的计算系数;

c,φ——墙体底部的土体参数。

③抗渗流(或管涌)稳定性验算。

在地下水丰富、渗流系数较大(渗透系数 $\geq 10^{-6}$cm/s)的地区进行支护开挖时,通常需要在基坑内降水[5]。如果围护短墙自身不透水,由于基坑内外水位差,基坑外的地下水绕过围护墙下端向基坑内渗流,这种渗流产生的动水压力在墙背后向下作用,而在墙前则向上作用,当动水压力大于土的水下重度时,土颗粒会随水流向上喷涌。在软黏土地基中,渗流力往往使地基产生突发性的泥流涌出,从而出现管涌现象,使基坑内土体向上推移,基坑外地面产生下沉,墙前被动土压力减少甚至丧失,危及支护结构的稳定。验算抗渗流稳定的基本原则是使基坑内土体的有效压力大于地下水的渗透力。

当上部为不透水层,坑底下某深度处有承压水层时,基坑底抗渗流稳定性可按式(4-7)验算:

$$\frac{\gamma_m(t+\Delta t)}{p_w}\geq 1.1 \tag{4-7}$$

式中:γ_m——透水层以上土的饱和重度(kN/m^3);

$t+\Delta t$——透水层顶面距基坑底面的深度(m);

p_w——含水层水压力(kPa)。

当基坑内外存在水头差时,粉土和砂土应进行抗渗流稳定性验算,渗流的水力梯度不应超过临界水力梯度。

4.2.5 存在的问题与对策

随着基坑工程的发展,原有深基坑支护结构的设计理论、设计原则、计算公式、施工工艺等已无法满足深基坑开挖与支护的实际情形,由此导致基坑工程事故频发,造成巨大经济损失和社会影响。另外,城市建筑物之间空间狭小、施工场地局限等因素增加了基坑支护工程的施工难度。

(1)深基坑支护存在的主要问题

①支护结构设计中土体的物理力学参数选择不当。

深基坑支护结构所承担的土压力大小直接影响其安全度,但由于地质情况复杂多变,要精确地计算出土压力参数指标值还十分困难,目前的计算依据仍在采用库伦或朗肯公式进行。关于土体其他物理力学参数指标值的选取同样非常复杂,如在深基坑开挖后,含水率、内摩擦角和黏聚力三个参数指标值彼此之间不断变化,很难据此准确计算出支护结构的实际压力。

在深基坑支护结构设计中,如果对地基土体的物理力学参数指标值选取不准,将对设计计算结果产生很大影响。土力学试验数据表明:内摩擦角值的略微相差,便会导致主动土压力值相差很大。施工工艺和支护结构形式不同,对土体的物理力学参数的取值也有很大影响。

②基坑土体的取样具有不完全性。

在深基坑支护结构设计之前,必须对地基土层进行取样分析,以取得比较合理的土体物理力学参数指标值,为支护结构的设计提供可靠的依据。一般在深基坑开挖区域内,按国家规范的要求进行钻探取样。为减少勘探工作量和降低工程造价,不可能钻孔过多。因此,所取得的土样具有一定的随机性和不完全性。而实际上大部分基坑支护工程的建设者都未进行此项工作,这就难免给工程埋下安全隐患。实际工程地质条件极其复杂、多变,可靠测取相应物理力学指标值是十分必要的,否则支护结构的设计就难免会因不符合实际地质情况而导致工程问题发生。

③基坑开挖存在的空间效应考虑不周。

深基坑开挖中大量的实测资料表明,基坑周边向基坑内发生的水平位移是中间大、两边小,深基坑边坡的失稳常常在长边的居中位置发生。这说明深基坑开挖所引起的边壁土体受力变形是一个空间问题。传统的深基坑支护结构的设计是按平面应变问题处理的。对一些细长条形基坑来讲,这种平面应变假设比较符合实际,而对近似方形或长方形深基坑而言则不尽符合。

④支护结构设计计算与实际受力不符。

目前,深基坑支护结构的设计计算仍基于极限平衡理论,但支护结构的实际受力并不那么简单。工程实践表明,有的支护结构按极限平衡理论设计计算的安全系数,从理论上讲是绝对安全的,但有时却发生了工程事故。有的支护结构安全系数虽然比较小,甚至达不到规范的要求,但在实际工程中却能满足安全度要求。极限平衡理论是深基坑支护结构的一种静态设计,而实际上开挖后土体是一种动态平衡状态,也是一种土体逐渐松弛的过程,随着时间的增长,土体强度逐渐下降,并产生一定的变形。所以,在设计中必须要充分考虑这一点。

⑤计算软件的局限性。

由于基坑支护工程环境条件非常复杂,现有的计算深基坑支护的各种软件在全国各地的应用中,不可避免地产生了地区的不适应性;而且基坑周边环境复杂,使得单纯用软件计算不能很好地反映实际状况。因此,在用软件进行计算的同时,必须要结合当地的经验,经综合分析考虑后予以取舍,以减少基坑工程的安全隐患。

⑥施工质量参差不齐。

目前建筑市场上施工队杂乱,素质参差不齐,直接影响了基坑工程的施工质量。在一些深大基坑支护工程施工中,不可避免地出现了各种塌方滑坡事故。因此,必须对施工队伍进行严格的管理和整顿,要有各种有效而可靠的应急预案,保证基坑能发现异常和险情,并能做出快速有效处理,防止工程和人员伤亡事故发生。

(2)建筑深基坑支护设计中的主要对策

工程建筑基坑的开挖与支护结构是一项系统工程,涉及工程地质、水文地质、工程结构、建筑材料、施工工艺和施工管理等多方面。它是集土力学、水力学、材料力学和结构力学等于一体的综合性学科,支护结构又是由若干具有独立功能的体系组成的整体,因此工程建筑基坑支护设计与施工必须要综合考虑当地工程地质与水文地质条件、基坑类型、基坑开挖深度、降排水条件、周边环境对基坑侧壁位移的要求以及基坑周边荷载、施工季节及施工条件、支护结构使用期限等因素,做到合理设计、精心施工、经济安全、因地制宜、因时制宜、精心勘察、合理设计、精心施工、严格监控。

①彻底转变传统的设计理念。

目前,土压力分布还按库伦或朗肯理论确定,支护桩仍用"等值梁法"进行计算。其计算结果与深基坑支护结构的实际受力悬殊较大,既不安全也不经济。由此可见,深基坑支护结构的设计不应再采用传统的"结构荷载法",而应彻底改变传统的设计观念,逐步建立以施工监测为主导的信息反馈动态设计体系,这是设计人员需要加强科研攻关的方向之一。

②建立变形控制的新的工程设计方法。

目前,设计人员采用的基于极限平衡原理的设计方法是一种简便实用的设计方法,其计算结果具有重要的参考价值。但是,将这种设计方法用于深基坑支护结构,只能单纯满足支护结构的强度要求,而不能保证支护结构的刚度。众多工程事故就是支护结构产生过大的变形而造成的。由此可见,评价一个支护结构设计方案的优劣,不仅要看其是否满足强度的要求,而且要看其是否产生环境问题,关键在于其变形大小。鉴于上述实际,在建立新的变形控制设计方法时,应着重研究支护结构变形控制的标准、空间效应转化为平面应变和地面超载的确定及其对支护结构的影响等问题。

③大力开展支护结构的试验研究。

正确的理论必须建立在大量试验研究的基础上。开展支护结构的试验研究(包括试验室模拟试验和工程现场试验),能够积累大量的测试数据,可为同类工程的成功打好基础,为理论研究和建立新的计算方法提供可靠的第一手资料。

④探索新型支护结构的计算方法。

目前,深基坑支护结构正在向着综合性方向发展,即临时支护结构与永久支护结构相结合、基坑开挖方式与支护结构形式相结合等,这几种结合必然使支护结构受力更为复杂。所以,建立新型支护结构的计算方法已成为深基坑工程技术的当务之急。

⑤强化施工的质量和监测。

喷射混凝土的质量好坏和厚度取决于喷射操作人员的操作方法和水平,喷嘴与受喷面的距离、喷嘴移动、水量的调节又是其施工的关键。施工时,喷嘴与受喷面的最佳距离为0.8 ~ 1.0m;喷嘴移动时,需横跨坡面,采用圆形式椭圆形轨迹稳定移动;水量的调节以喷射混凝土表面产生光泽为止;回弹率的大小与原材料的配合比、施工方法、喷射部位及一次喷射层的厚度有关。

深基坑开挖施工中,要精心安排开挖施工分层、分块的部位和时间,精心安排挡土支护的施工时间,有效控制基坑已开挖部分的无支护暴露时间和减少土体被扰动的时间与范围,以达到利用尚未被挖动的土体尚能在一定程度上控制其自动位移的潜力,而使其应力控制土体位移。

4.3 基坑工程安全分析与评估

深基坑开挖不仅要保证基坑本身的安全与稳定,而且要有效控制基坑周围地层移动,以保护周围环境。在地层较好的地区(如可塑、硬塑黏土地区,中等密实以上的砂土地区,软岩地区,等等),基坑开挖所引起的周围地层变形较小,如适当控制,不至于影响周围的市政环境,但在软土地区(如天津、上海、福州等沿海地区),特别是在软土地区的城市建设中,进行基坑开挖往往会产生较大的变形,严重影响紧靠深基坑周围的建筑物、地下管线、交通干道和其他市政设施,因而是一项复杂、风险性高的工程。

基坑工程安全评价是基坑工程设计风险控制的关键环节,为防止在施工图阶段出现大的图纸变更或不可逆转的损失,一般在初步设计阶段对其安全性进行评价。其主要包括验算基坑自身的安全性及对周边环境的影响程度评价两个方面。前者按一般设计方法进行,后者则需对各类临近建(构)筑物逐一进行变形分析。

4.3.1 评估范围与内容

基坑工程安全评估范围包括支护结构自身及其开挖深度3~4倍的水平范围的建(构)筑物。其中,支护结构安全分析的内容包括基坑工程各类稳定性验算及支护结构受力变形与承载能力验算;周围建(构)筑物安全分析的内容包括对影响范围内的所有各类地下管线、地铁隧道等构筑物以及地面建筑物等进行详细调查,分析得到其允许变形指标,通过变形计算分析判断其安全状态,提出保护措施等。另外,对相邻基坑工程,还应注意分析它们之间的工况关系与相互影响。

4.3.2 分析评估方法

基坑的变形计算理论能否较好地反映实际情况受很多因素的制约,除围护体系本身及周围土体特性外,还受施工因素等的影响。在软土地区,基坑的变形计算还需考虑时空效应的影响。一般认为,在具有流变性的软土中,基坑的变形(墙体、土体的变形)随着时间的增长而加重,分块开挖时留土的空间作用对基坑变形具有很好的控制作用,时间和空间两个因素同时协调控制可有效地减少基坑的变形。安全分析中首先应对基坑环境变形的影响因素有全面深入的了解,在此基础上进行理论分析,对计算假定、计算参数和计算过程进行反复斟酌,然后才能作出正确的分析与判断。目前采用的方法主要有半理论半经验法和有限元数值分析法两大类。

目前,有限元数值模拟方法在复杂环境安全评估中占主导地位。其一般采用地层结构模型,将地层、支护结构、周边建(构)筑物建立在一个有限元数值模型之中进行分析,可直接得到周围环境的变形的大小,从而根据建(构)筑物给定的允许变形对其安全性进行判断,也可以通过有限元程序直接分析得出建(构)筑物的开裂、破坏等情况。

4.3.3 存在的问题与对策

在社会经济快速发展、城市化进程不断加快的背景下,我国的轨道交通已经进入快速发展阶段,尤其是北京、上海等一线城市的轨道交通建设得到全面提高。轨道交通建设过程中,须进行地下土方开挖,因此基坑工程的地位与作用越来越重要。但在实际施工过程中,安全风险管控方面不可避免地存在一些问题,具体如下:

①安全风险管理流程缺乏规范性。对风险定义的理解、识别、风险的评估分析以及风险处理办法和风险处理结果监测等缺乏规范性,需要有一套规范且完整的管理方案与流程体系,并且在对各个数据进行计算的时候要严格遵守相关流程,从而保证数据的正确性。

②缺乏规范且专业性强的安全风险管理团队。目前我国的工程风险管理机构以及评估单位比较缺乏,并且其中的评估人员的专业性较差,没有相应的工作能力以及风险管理和处理的工作经验。

③风险管理信息化平台的建设水平低。当前,我国的安全风险管理平台没有较强的信息

化水平,并且在基坑工程安全风险管理中没有合适的管理平台。

在风险管理中,最基本的就是建立与确定安全风险指标体系,它直接影响风险评估的结果及其准确性,并且安全风险指标体系的建立对工程风险的评估与识别具有较高的影响。在建立安全风险指标体系的时候可以与相关经验进行有效的结合,从而使安全风险评价指标体系更具有科学性、合理性以及有效性。在对基坑工程安全风险进行识别与评估的时候可以根据风险指标体系进行(表4-5),然后根据基坑工程的实际情况对其安全风险进行分析,并将各项安全风险因素找出来,通过这些安全风险因素对基坑工程安全风险的大小进行分析,去除影响较小的安全风险因素,从而减少安全风险识别与评估的工作量,即在筛选基坑安全风险因素的时候要遵循宁多勿少的原则,要全面且系统地对安全风险因素进行分析,在对基坑安全风险的发生规律以及变化规律进行分析的时候,要采用科学性较强的方法。在建立安全风险评价体系的时候要选择现场经验丰富的专家,然后结合基坑工程的实际施工情况与环境情况进行确定。

基坑工程风险评价指标体系 表4-5

主要因素	子因素		赋值
工程地质条件	岩土类型	淤泥、湿陷性黄土、软弱土等	4
		粉砂岩、泥质页岩等软质岩	2
		白云质灰岩、石英片岩等坚硬岩或硬质岩	1
	地质构造	存在褶皱、断层带	2
		无褶皱、断层带	0
	地表地质作用	存在滑坡、崩塌、岩溶、泥石流等	1~3
		不存在不良地质作用	0
	水文条件	存在流土、管涌、渗流等不良作用	2~4
		不存在地下水的不良作用	0
气象条件		常发生暴雨	4
		降雨天气较多	2~3
		气象条件良好	0~1
周边环境		位于水下	4
		江河湖泊等水系沿岸	2~3
		地势平坦的无水区	0~1
开挖深度		基坑开挖深度超过20m	6
		基坑开挖深度10~20m	4~5
		基坑开挖深度5~10m	2~3
		基坑开挖深度不足5m	1

在对基坑工程安全风险进行评估的时候,要根据以下流程进行:

①风险评估人员应选择具有丰富现场施工经验的管理和技术人员,然后结合工程的具体情况将安全风险源全部找出并列出来,由评估人员通过调查等方法对安全风险源进行分析,得出其重要性得分,再根据此得分制订最佳的解决方案。

②对基坑工程安全风险中的各项风险因素所处的等级进行确定。

③根据各层风险指标得出基坑工程整体安全风险所处的等级。根据基坑工程的实际情况建立模型，然后采取有效的措施对分析评估出来的安全指标进行解决。

通过上述安全风险评价模型可以有效地对基坑工程安全风险的风险指标进行分析以及评估，从而及时发现风险源并遏制解决，使得基坑工程的安全性得到有效提高。

4.4 深基坑桩锚支护结构设计与计算

4.4.1 工程概况

重庆轨道交通 10 号线二期工程兰花湖停车场基坑，是 10 号线路运营关键控制点，停车场含地下三层结构，其负一、负二层为附属配套设施，主要是管理用房、食堂、驾驶员公寓等；负三层为停车列检库，为重庆市首个明挖地下停车场。基坑位于重庆工商大学兰花湖校区东北侧，南侧紧临兰花路，东侧紧邻回龙路，北侧紧临兰湖天小区。停车场与南湖站、兰花路站呈"八字"接轨，基坑沿轴线长约 395m，开挖断面最窄处宽约 13.4m，最宽处约 81.4m，开挖深度为15.6～26.5m。

本工程采用了两种支护形式，出入线明、暗挖区间段采用围护桩＋内支撑形式，停车场段采用排桩式锚索挡墙（桩＋锚索）支护形式。选取停车场段基坑作为研究对象，该基坑安全等级为一级。

4.4.2 工程地质条件及水文地质情况

（1）工程地质条件

①地形地貌。

兰花湖停车场及出入线明挖区间场地原始地貌属构造剥蚀浅丘斜坡地貌，地面呈宽缓的沟槽及丘坡相间分布。

出入线及施工通道场地受厂区、兰花湖周边小区和道路建设影响，人工改造程度大，地形起伏较大，现兰花湖花市部分为填方区。场地总体较平坦，地面高程 209～262m，相对高差30m，地面高程地形总体坡角一般为 5°～15°，但在场地内部隆鑫厂房处存在岩质斜边坡，坡角达 40°，坡高 10～13m，在场地东侧兰花湖花市位置，形成了高 7～9m 的土质边坡，坡角20°～30°。

②地层岩性。

勘察区出露的地层由上而下依次可分为第四系全新统填土层和侏罗系中统沙溪庙组沉积岩层。各层岩土特征分述如下：

a. 第四系全新统。

①素填土：以褐灰色为主，局部呈红褐色，主要由粉质黏土夹砂岩、砂质泥岩块（碎）石组

成,局部见有少量生活垃圾、建筑垃圾。骨架颗粒粒径以 20～300mm 为主,局部最大可达 0.5m,含量一般为 30%～50%,在厚度较大的地段中下部,块(碎)石含量显著增高,局部可达到 70%～80%,粒径也有所增大,结构一般松散～稍密状,稍湿,局部存在架空现象,堆填年限 2～15 年不等,在场地内大面积分布,集中分布于场地原始冲沟部位。

ⓑ压实填土:主要分布于已建大石路、汇龙路、兰花路和兰湖路范围内,道路路面现状未见坑洞等变形下沉迹象。

ⓒ粉质黏土:褐色,呈可塑～硬塑状态,压缩性中等,无摇振反应,断口稍有光泽,干强度中等,韧性中等,场地局部可见,最大厚度可达 7.6m。根据土的腐蚀性分析报告,土对混凝土结构、钢筋混凝土结构中的钢筋以及钢结构有微腐蚀性。

b. 侏罗系中统砂溪庙组(J_{2s})。

ⓐ砂质泥岩:其主要呈紫红色、紫褐色,主要矿物成分为黏土矿物,粉砂泥质结构为主,中～厚层状构造。强风化层厚 1.2～1.8m,岩质软,风化裂隙发育,岩体破碎;中等风化岩层岩芯呈中～长柱状,裂隙不发育～较发育,岩体较完整,属软岩,岩体基本质量分级为Ⅳ级,岩质较软,抗风化能力差。为本场地主要岩性。

ⓑ砂岩:灰色、浅灰色,主要矿物成分为长石、石英、云母,细粒～中粒结构,中厚层状构造,泥钙质胶结。强风化层厚 0.9～1.4m,岩质软,风化裂隙发育,岩体破碎;中等风化岩层岩芯呈中～长柱状,裂隙不发育～较发育,岩体较完整,属较软岩,岩体基本质量分级为Ⅳ级,抗风化能力较强。为本场地次要岩性。

图 4-4 所示为基坑场地代表性地质纵断面图。

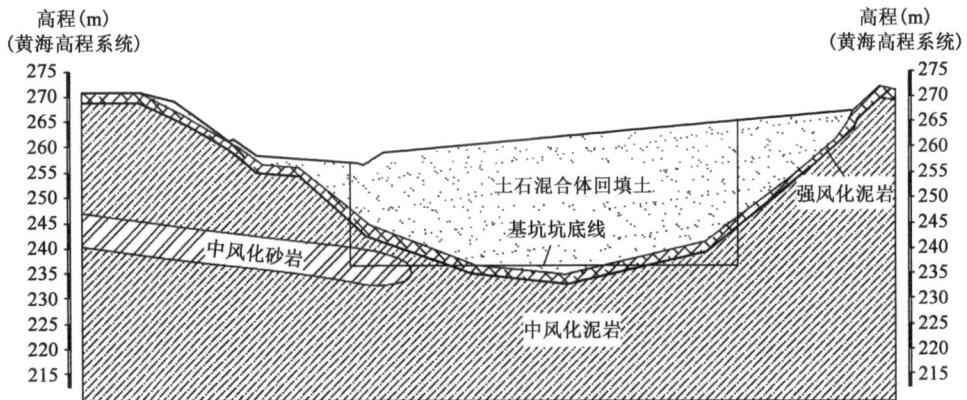

图 4-4 基坑场地代表性地质纵断面图

(2)地质构造

出入线沿线基岩埋深 0.5～29.45m,基岩面倾角以 5°～15°为主,总体与原始地貌一致,局部开挖地段 30°左右。

强风化层岩石厚度一般为 0.9～1.8m,局部可达 2.0m,强风化带岩石风化裂隙发育,岩体破碎,均为极软岩,多呈土状或土夹石状。根据岩土施工工程分级标准,为硬土,岩体基本质量等级为Ⅴ级。

（3）水文地质条件

地下水不连续分布在人工填土层中,多为局部性上层滞水,水量小,动态幅度大,无统一地下水位,水质成分由含水介质性质决定,主要由大气降水及周边市政管网渗漏补给,水量大小与降水因素关系密切。结合钻孔水位观测,分布于场地地势相对低洼的原始冲沟地段,集中位于覆盖层厚度较大区域,无统一地下水位,一般赋存于基岩面之上一定高程,出入线场地主要分布于左线里程 ZCK0 + 050—ZCK0 + 250（水位 202m 左右）、ZCK0 + 750—ZCK0 + 930（水位 227m 左右）、ZCK1 + 060—ZCK1 + 280（水位 240m 左右）和右线里程 YCK0 + 170—YCK0 + 260（水位 207m 左右）段,地下水水位不统一,各沟谷之间无直接水力联系。根据本次水样水质分析成果并结合沿线相邻场地勘察成果:残坡积层中的地下水水质较好,化学成分属 HCO_3 - Ca/Na 型,矿化度低,对混凝土具有微腐蚀性;人工填土层中的地下水,化学成分较复杂,与堆填物成分相关,一般对混凝土具有微腐蚀性,局部地段具有弱腐蚀性。渗透系数 1.60 ~ 5.94m/d,属中等 ~ 强透水层。

（4）不良地质作用、特殊岩土与有害气体

拟建停车场出入线及施工通道场地内未发现断层、滑坡、泥石流等不良地质作用。场地内特殊岩土为人工填土和风化岩石。素填土在场地大部分范围均有分布,厚度为 0.5 ~ 29.45m,其厚度差异较大,均匀性差,对出入线沿线的建（构）筑物的影响为不均匀沉降可能引起地面开裂、建筑开裂及倾斜等,以及对桩基成孔的不利影响（塌孔、沉渣控制等）。风化岩分布于整个场地基岩表层,风化裂隙发育,岩质软,岩体破碎,厚度一般为 0.9 ~ 1.8m。

根据详细勘探成果,结合场地各地层岩性条件和地区经验,该场地各岩土层中本身无有毒有害气体存在,但隧道开挖及桩孔采用人工施工时仍应做好通风、送风工作。

4.4.3　周边环境情况

（1）地下洞室和排水涵洞

拟建场地位于重庆主城区核心位置,人防洞室和箱涵地下建（构）筑物众多,根据现场调查和资料收集,拟建场地及沿线地下洞室和排水涵洞基本特征见表4-6、表4-7。

兰花湖停车场相邻建物特征一览表　　　　　　表4-6

序号	建筑物名称		地下室高程（m）	层数	基础形式	基底高程（m）	平面距离（m）
1	回龙湾（兰湖天）小区	5 号楼	272.80/270.60	7 + 1/ − 1F	桩基	237 ~ 251	35.0
2		6 号楼	265.90/268.00	12 + 1/ − 1F	桩基	243 ~ 260	22.0
3		7 号楼	262.24 ~ 265.79	12F	桩基	248 ~ 253	10.3
4		8 号楼	258.60 ~ 260.70	6 + 1F	桩基	242 ~ 247	4.5
5		9 号楼	249.92/256.20	6/ − 1F	桩基	220 ~ 233	3.5
6		10 号楼	254.45	6F	桩基	231 ~ 251	3.3
7	苹果城小区	6 号楼	244.70	26F	条基、桩基	227 ~ 241	71.2
8		10 号楼	240.10	2F	条基	236 − 237	54.5
9	重庆工商大学驾校		257.40	2F	—	—	0

续上表

序号	建筑物名称		地下室高程(m)	层数	基础形式	基底高程(m)	平面距离(m)
10	高压铁塔	金泥5	—	—	桩基	264.00	21.5
11		巴金59	—	—	桩基	270.00	33.6
12	兰花湖公园		—	—	—	—	0
13	排水箱涵		截面2.8m×2.8m	—	钢筋混凝土	236~247	0

场地范围内构筑物及地下管线一览表　　　　　表4-7

序号	名称	产权归属	长度	规模/尺寸	处理方式	备注
1	排水箱涵	重庆南岸区市政	300m	2.8m×2.8m	改迁	
2	雨水管涵	兰湖天小区	250m	D500	改迁	
			220m	D300	改迁	
3	高压线	重庆电网	600m	110kV	保护	后期确定
			600m	220kV	保护	
4	驾校房屋	工商大学	1栋	2层	拆除	
	驾校训练场		1处	2400m²	拆除	
	驾校围墙		200m	2.5m高	拆除	
	驾校通行道路		280m	8m宽	拆除	
5	兰花路侧围墙	工商大学	260m	2.5m高	拆除/打围	

（2）地面建筑

拟建场地及周边建（构）筑物密集,存在较大影响的建（构）筑物见表4-6。

（3）场地范围内构筑物及地下管线

拟建场地范围内构筑物及地下管线见表4-7。

4.4.4　设计标准

设计标准如下:

①结构合理使用年限:临时结构2年。

②边坡安全等级:一级,重要性系数按 $\gamma_0 = 1.1$ 取用。

③边坡岩体类型:Ⅲ类/Ⅳ类。

④主体基坑变形控制保护等级为一级,地面最大沉降量≤0.15%H,且≤30mm;围护结构最大水平位移≤0.20%H,且≤30mm,其中H为基坑开挖深度。另外,地面沉降和支护结构的最大水平位移还应满足邻近地面建筑和地下管线变形控制对其的要求。

⑤基坑支护结构及其构件应满足强度和稳定、变形的要求,以确保邻近建筑物和重要管线的正常使用,并根据安全等级提出监测要求和监测方案,以便实现信息化设计施工。执行"动态设计、信息法施工"原则,加强边坡监测及信息反馈。

⑥基坑顶地面超载标准段按20kPa考虑。基坑周边2m范围内不得弃土、堆积材料及大型机械设备。

⑦地下水处理措施:坑内明排。桩间设泄水孔:PVC 排水管 DN110@3000(水平间距同桩间距)。

4.4.5　基坑支护设计计算

(1)围护结构标准断面计算

基坑支护 6-6 断面边坡破坏模式为沿岩土界面滑动,北侧边坡土层段受岩土分界面强度控制,下滑力按传力系数法计算。岩土界面参数取值 $c_s = 16\text{kPa}$,$\varphi_s = 10°$,施加荷载 20kN/m^2。侧向岩土压力及结构构件计算如下:

①下滑力计算(传递系数法计算剩余下滑力)。

计算模型如图 4-5 所示。

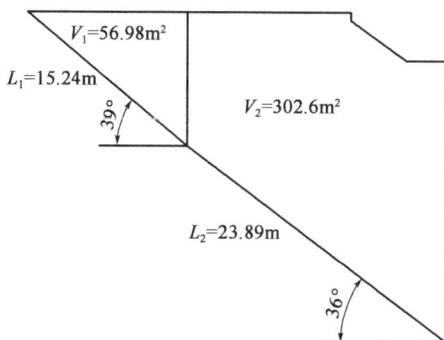

$V_1 = 56.98\text{m}^2$

$L_1 = 15.24\text{m}$

$39°$

$V_2 = 302.6\text{m}^2$

$L_2 = 23.89\text{m}$

$36°$

图 4-5　北侧边坡计算模型

根据式(4-8)~式(4-11),计算剖面滑坡下滑推力,计算结果见表 4-8。从表中可以看出,剩余下滑力的水平分力为 2280kN/m。

剖面滑坡下滑推力计算(饱和状态)　　　　　表 4-8

条块	重度	面积	重力	超载力	长度	倾角	黏聚力	内摩擦角	下滑力 T_i	抗滑力 R_i	安全系数 F_s	传递系数	剩余下滑力	水平分力
	kN/m³	m²	kN	kN	m	°	kPa	°	kN/m	kN/m			kN/m	kN/m
①	20	56.98	1139.51	20.00	15.24	39	16.0	10.0	729.70	399.99	1.35	0.992	433.42	336.83
②	20	302.60	6052.01	0.00	23.89	36	16.0	10.0	3987.14	1245.57	1.35	—	3064.50	2280.00

$$P_i = P_{i-1}\psi_{i-1} + T_i - R_i/F_s \tag{4-8}$$

$$\psi_{i-1} = \cos(\theta_{i-1} - \theta_i) - \sin(\theta_{i-1} - \theta_i)\tan\varphi_i/F_s \tag{4-9}$$

$$T_i = (G_i + G_{bi})\sin\theta_i + Q_i\cos\theta_i \tag{4-10}$$

$$R_i = c_i l_i + [(G_i + G_{bi})\cos\theta_i - Q_i\sin\theta_i - U_i]\tan\varphi_i \tag{4-11}$$

式中:P_i——第 i 计算条块与第 $i+1$ 计算条块单位宽度剩余下滑力(kN/m),当 $P_i < 0(i < n)$ 时取 $P_i = 0$;

　　T_i——第 i 计算条块单位宽度重力及其他外力引起的下滑力(kN/m);

　　R_i——第 i 计算条块单位宽度重力及其他外力引起的抗滑力(kN/m);

　　F_s——第 i 计算条块单位宽度重力及其他外力引起的抗滑力(kN/m);

θ_i——第 i 计算条块滑面倾角(°),滑面倾向与滑动方向相同时取正值,滑面倾向与滑动方向相反时取负值;

ψ_{i-1}——第 $i-1$ 计算条块对第 i 计算条块的传递系数;

c——滑面的黏聚力(kPa);

l——滑面长度(m);

G_i——第 i 计算条块单位宽度自重(kN/m);

Q_i——第 i 计算条块单位宽度水平荷载(kN/m),方向指向坡外时取正值,指向坡内时取负值。

②支护体系计算。

挡土墙高度 H 为19.14m,高度折减系数为0.9。锚索水平间距 $s_{xj} = 2.5$m,锚索垂直间距 $s_{yj} = 2.5$m,锚索倾角 $\alpha = 35°$。侧向岩土压力合力的水平分力标准值 $E_{ah} = 2280$kN/m。

根据《建筑边坡工程技术规范》(GB 50330—2013)9.2.2 条[6],岩土力修正系数 β_2 取值为1.3,修正后的侧向岩土压力合力水平分力标准值 E'_{ah}:

$$E'_{ah} = E_{ah} \times \beta_2 = 2280 \times 1.3 = 2964(\text{kN/m})$$

侧向岩土压力水平分力强度标准值 e'_{ah}:

$$e'_{ah} = E'_{ah}/(0.9H) = 2964 \div (0.9 \times 19.14) = 174.07(\text{kPa})$$

锚索水平拉力标准值 T_{ak}:

$$T_{ak} = e'_{ah}s_{xj}s_{yj} = 174.07 \times 2.5 \times 2.5 = 1075.41(\text{kN})$$

锚索轴向拉力标准值 N_{ak}:

$$N_{ak} = T_{ak}/\cos\alpha = 1075.41 \div \cos35° = 1312.83(\text{kN})$$

锚索采用 $15\phi^s15.2$,$A_s = 2100\text{mm}^2$,锚索锚固段钻孔直径 $D = 170$mm,配筋率为 $9.25\% < 20\%$(满足)。

对于预应力锚索,锚索钢筋面积最小值 A_{s0} 按式(4-12)计算:

$$A_{s0} = \frac{K_bN_{ak}}{f_{py}} \tag{4-12}$$

预应力钢绞线抗拉强度设计值 $f_{py} = 1320$MPa。根据《建筑边坡工程技术规范》(GB 50330—2013)8.2.2 条[6],锚索杆体抗拉安全系数 $K_b = 1.8$。

$$A_{s0} = \frac{K_bN_{ak}}{f_{py}} = \frac{1.8 \times 1312.83 \times 10^3}{1320 \times 10^6} \times 10^6 = 1790.23(\text{mm}^2)$$

$$2100\text{mm}^2 > 1790.23\text{mm}^2(满足)$$

锚索锚固体与岩土层间的最小长度 l_{a0} 按式(4-13)计算:

$$l_{a0} = \frac{KN_{ak}}{\pi Df_{rbk}} \tag{4-13}$$

根据《建筑边坡工程技术规范》(GB 50330—2013)8.2.3[6]条,取锚索锚固体抗拔安全系数 $K = 2.6$,取地层与锚固体极限黏结强度标准值 $f_{rbk} = 500$kPa,则:

$$l_{a0} = \frac{KN_{ak}}{\pi Df_{rbk}} = \frac{2.6 \times 1312.83 \times 10^3}{3.14 \times 170 \times 10^{-3} \times 500 \times 10^3} = 12.78(\text{m})$$

锚索与锚固砂浆间的最小锚固长度 l_{a1} 按式(4-14)计算:

$$l_{a1} = \frac{KN_{ak}}{n\pi D f_b} \tag{4-14}$$

钢筋与锚固砂浆间的黏结强度设计值 $f_b = 2400\mathrm{kPa}$,则:

$$l_{a1} = \frac{KN_{ak}}{n\pi D f_b} = \frac{2.6 \times 1312.83 \times 10^3}{15 \times 3.14 \times 170 \times 10 - 3 \times 2100 \times 10^3} = 0.22(\mathrm{m})$$

综上,锚索采用 $15\phi^s15.2$,取锚固长度 $L = 13\mathrm{m}$。

根据《建筑边坡工程技术规范》(GB 50330—2013)第8.5.6条[6]规定:锚索锁定值取锚索轴向拉力标准值的 $0.75 \sim 0.9$ 倍。

本基坑预应力锚索预加轴向拉力值(锚索锁定值)为:

$$N = 0.77 \times 1312 = 1010(\mathrm{kN})$$

(2)桩 + 锚索段围护桩配筋(图4-6~图4-8)

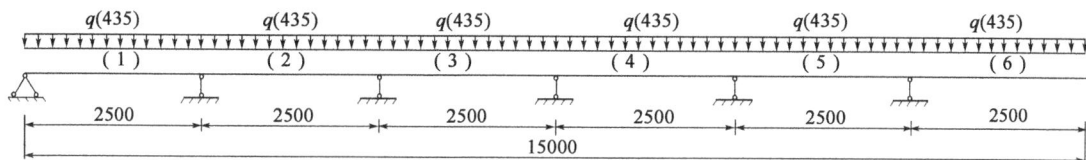

图4-6 几何尺寸及荷载标准值简图(荷载单位:kN/m,尺寸单位:mm)

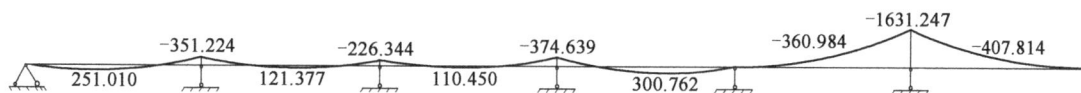

图4-7 弯矩包络图(调幅后)(单位:kN·m)

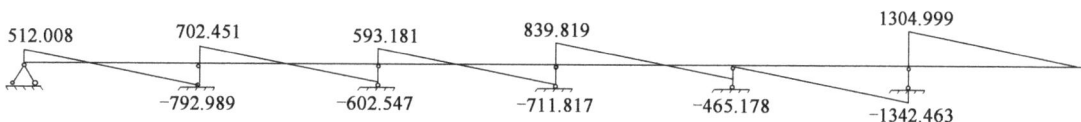

图4-8 剪力包络图(单位:kN)

桩计算:(上半部分悬臂)

根据基坑支护6-6断面围护结构计算,侧向岩土压力为174kPa,桩间距为2.5m, $q = 174 \times 2.5 = 435(\mathrm{kN/m})$。

根据计算结果, $M_{\max} = 1631(\mathrm{kN \cdot m})$, $V_{\max} = 1500(\mathrm{kN})$。

①抗弯配筋计算:

桩截面直径1.8m, $A_s = 10178.76(\mathrm{mm}^2)$。配筋为 $28\phi28$, $A_s = 17248(\mathrm{mm}^2)$。

②抗剪钢筋计算:

箍筋直径10mm;桩直径1800mm,计算选用 $\phi10@200$ 的截面所提供的受剪承载力设计值:

根据《混凝土结构设计规范》(GB 50010—2010)第6.3.15条[7]:

$$b = 1.76 \ r = 1.76 \times 900 = 1584 \, (\text{mm})$$

选取 $\phi 10@200$ 箍筋：$A_{sv} = 2 \times 79 = 158 \, (\text{mm})$。

根据《混凝土结构设计规范》（GB 50010—2010）第 6.3.4 条[7]，如式（4-15）计算：

$$V_{cs} = \alpha_{cv} f_t b h_0 + f_{yv} \frac{A_{sv}}{s} h_0 \tag{4-15}$$

式中：V_{cs}——构件斜截面上混凝土和箍筋的受剪承载力设计值；

   α_{cv}——截面混凝土受剪承载力系数，对于一般受弯构件取 0.7；

   f_{yv}——箍筋的抗拉强度设计值，根据《混凝土结构设计规范》（GB 50010—2010）

    第 4.2.2 条[7]，$f_{yv} = 300 \, (\text{N/mm}^2)$；

   A_{sv}——配置在同一截面内箍筋各肢的全部截面面积；

   s——沿构件长度方向的箍筋间距；

   h_0——截面的有效高度。

$$V_{cs} = \alpha_{cv} f_t b h_0 + f_{yv} \frac{A_{sv}}{s} h_0 = 0.7 \times 1.57 \times 1584 \times 1440 + 300 \times \frac{158}{200} \times 1440 = 2848 \, (\text{kN})$$

围护桩剪力设计值 $V = 1304 \, (\text{kN}) < V_{cs} = 2848 \, (\text{kN})$，故选用 $\phi 10@200$ 满足规范要求。

本章参考文献

［1］中华人民共和国住房和城乡建设部.建筑基坑支护技术规程：JGJ 120—2012［S］.北京：中国建筑工业出版社,2012.

［2］上海市勘察设计协会.基坑工程设计规程：DBJ 08-61—1997［S］.北京：中国建筑工业出版社,1997.

［3］重庆市设计院.建筑地基基础设计规范：DBJ 50-047—2016［S］.北京：工程建设标准化,2016.

［4］赵志缙,应惠清.简明深基坑工程设计施工手册［M］.北京：中国建筑工业出版社,2000.

［5］崔江余.建筑基坑工程设计计算与施工［M］.北京：中国建材工业出版社,1999.

［6］重庆市城乡建设委员会.建筑边坡工程技术规范：GB 50330—2013［S］.北京：中国建筑工业出版社,2013.

［7］中华人民共和国住房和城乡建设部.混凝土结构设计规范(2015 年版)：GB 50010—2010［S］.北京：中国建筑工业出版社,2010.

第 5 章
CHAPTER 5

土岩复合地层深基坑
施工数值模拟方法

5.1 建立三维分析模型

在岩土体力学问题解析过程中,利用有限差分公式对微分方程中的导数进行替换,在解析过程中用对代数式的求解来替换对导数的求解,即有限差分法[1]。本章采用由 Itasca 公司研发推出的基于快速拉格朗日原理的三维有限差分数值分析软件 FLAC 3D,对土岩复合地层深基坑的施工过程进行研究。

建立考虑实际地层起伏的分析模型。兰花湖停车场工程主体基坑长约395m,南北向最窄处宽约13.4m,最宽处约81.4m,基坑里程处底板最深约26.5m,为进一步分析研究土层厚度及岩层倾角对基坑开挖稳定性的影响,本章选择基坑开挖最深段作为研究对象,构建基坑开挖三维模型(图5-1)。模型尺寸设置为桩前开挖40m 的开挖区,即基坑最宽处一半宽度,基坑开挖深度26.5m,模型设置3根围护桩,在现场实际桩间距为3m 的情况下设置模型宽度为9m,支护桩长30.5m,根据开挖影响范围为开挖深度的3倍设置模型高度为75m,模型总长度为120m。由于土层和岩层性质差异较大,需要在土层和岩层间设置接触来模拟基坑开挖过程中土岩因变形差异而在分界面处产生的错动滑移。因此,选择 FLAC 3D 中接触面单元来模拟土岩分界面[2,3],岩土界面力学参数采用第2章试验所获取的力学参数进行赋值。

本章以最深段三维模型为例介绍建模过程,如图5-2所示。首先根据地层起伏情况和基坑尺寸大小,通过软件建立三维模型,并通过 Griddle 对三维模型进行网格划分,选择合适的网格尺寸及网格加密区,最终将划分好网格的模型导入 FLAC 3D。

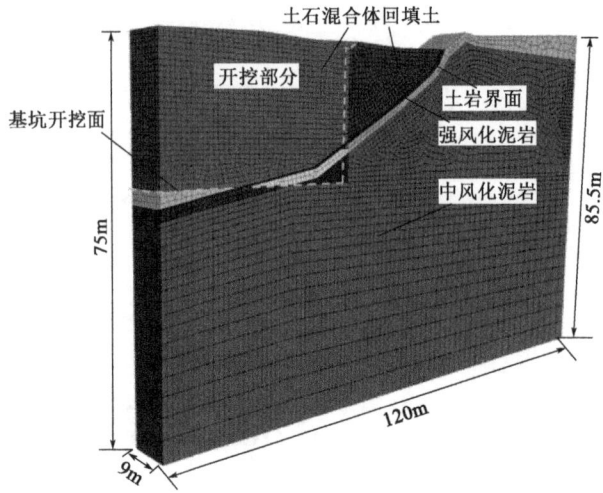

图 5-1 南 Ⅱ 区段基坑三维模型

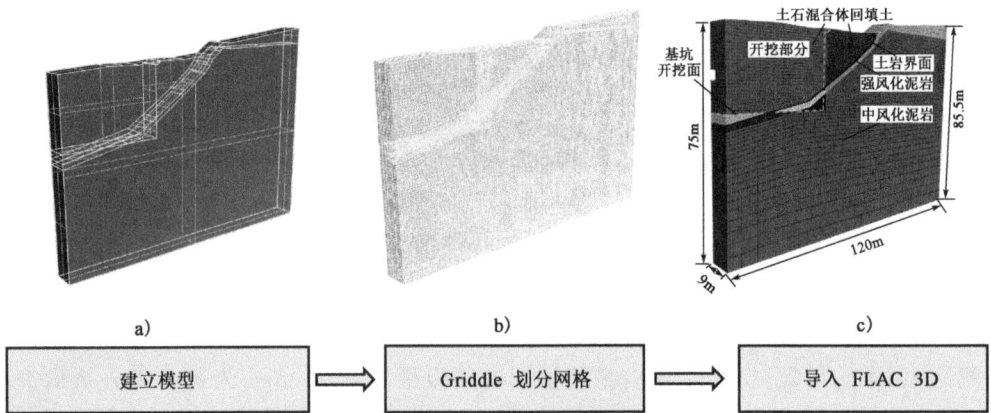

图 5-2 基坑建模过程

FLAC 3D 内置了实体单元和多种结构单元,本章中岩土体采用实体单元模拟,围护桩、预应力锚索、冠梁和桩间挂网喷射混凝土等围护结构均采用结构单元进行模拟。围护桩采用 pile 单元,锚索采用 cable 单元,冠梁采用 beam 单元,桩间挂网喷射混凝土采用 shell 单元(见图 5-3)。结构单元的计算参数包括材料参数和接触参数,其中,材料参数包括弹性模量 E、泊松比 μ 和尺寸参数,模拟时根据围护结构设计资料,确定采用的混凝土强度等级,得出各类围护结构的力学参数。接触参数包括耦合弹簧的法向刚度和切向刚度,弹簧刚度采用式(5-1)~式(5-3)进行计算求得。根据文献[4],桩土摩擦角和黏聚力一般取为土体的 $0.6\sim0.7$ 倍。围护结构单元力学参数见表 5-1。

$$K = \frac{E}{3(1-2\mu)} \tag{5-1}$$

$$G = \frac{E}{2(1+\mu)} \tag{5-2}$$

式中：E——弹性模量；

　　μ——泊松比；

　　K——体积模量；

　　G——剪切模量。

$$k_s = k_n = \frac{K + \frac{4}{3}G}{\Delta Z_{min}} \tag{5-3}$$

式中：k_s——切向弹簧刚度；

　　k_n——法向弹簧刚度。

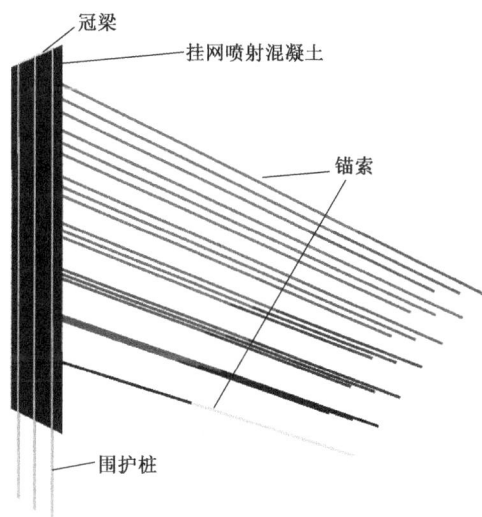

图 5-3　围护结构模型

围护结构单元材料参数　　　　　　　　　　　　　　　　　表 5-1

名称	结构单元类型	材料参数		与土体连接参数	
围护桩	pile	弹性模量 E	30e9	弹簧法向刚度 cs_nk	1e11
		泊松比 μ	0.20	弹簧切向刚度 cs_sk	1e11
		密度	2000	桩土切向黏聚力 cs_scoh	0.5e6
		桩径	1	桩土切向摩擦角 cs_sfric	15
		极惯性矩	0.0982	桩土切向黏聚力 cs_ncoh	0.5e6
		对 $y_{(z)}$ 轴惯性矩	0.0491	桩土切向摩擦角 cs_nfric	15
冠梁	beam	弹性模量 E	30e9	——	
		泊松比 v	0.2		
		密度	2000		

续上表

名称	结构单元类型	材料参数		与土体连接参数	
桩间挂网	shell	弹性模量 E	20e9	—	
		泊松比 μ	0.2		
		密度	2000		
		厚度	0.1		
锚索	cable	弹性模量	2e10	横截面积	0.00018
				水泥浆黏结力	10e5
				水泥浆刚度	2e7
				水泥浆外圈周长	0.21987
				抗拉强度	310e3

5.2 岩土体模型参数取值

数值模拟可以很好地反映施工过程中围护结构与岩土层的相互作用,但其结果的准确性受到岩土层本构模型以及参数取值等因素的影响。兰花湖基坑地层主要包括上覆土石混合体回填土层和下伏岩层,岩层主要由强风化泥岩、中风化砂岩、中风化泥岩组成。目前,莫尔-库仑弹塑性模型在岩土工程领域得到了广泛的应用,土石混合体回填土层采用莫尔-库仑(Mohr-Coulomb)本构模型,其计算参数包括土体弹性模量 E、泊松比 μ、黏聚力 c、内摩擦角 φ 和土体密度 ρ,除了弹性模量 E,其余参数均通过第 2 章试验部分获取,工程上土体弹性模量一般取压缩模量的 3 ~ 5 倍。土层计算参数取值见表 5-2。

土层参数计算取值 表 5-2

土层参数	密度 ρ(kg/m³)	弹性模量 E(MPa)	泊松比 μ	黏聚力 c(kPa)	内摩擦角 φ
取值	1999	22.5	0.32	14.28	22

基岩采用 Hoek-Brown 本构模型。广义 Hoek-Brown(H-B)强度准则是在 E. Hoek 和 E. T. Brown[5-6] 的基础上对 H-B 强度准则进行完善所得,其表达式[7]为:

$$\sigma_1 = \sigma_3 + \sigma_{ci} \left(m_b \frac{\sigma_3}{\sigma_{ci}} + s \right)^a \tag{5-4}$$

式中:σ_1,σ_3——最大主应力和最小主应力;

σ_{ci}——岩石单轴抗压强度(MPa);

m_b,s,a——反映岩体特征的经验参数。

其中,s 反映岩体破碎程度,取值范围为 0.0 ~ 1.0,对于完整的岩体(岩石),$s = 1.0$。m_b、s、a 的取值公式如下:

$$m_b = m_i \exp \left(\frac{\text{GSI} - 100}{28 - 14D} \right) \tag{5-5}$$

$$s = \exp \left(\frac{\text{GSI} - 100}{9 - 3D} \right) \tag{5-6}$$

$$a = \frac{1}{2} + \frac{1}{6} \left[\exp\left(\frac{GSI}{15}\right) - \exp\left(\frac{-20}{3}\right) \right] \tag{5-7}$$

式中:m_i——描述岩石软硬程度的参数,其参数取值范围为 $0.001 \sim 25.0$,并可以参考 E. Hoek 等[8-9]的经验进行取值;

　　GSI——岩体的地质强度指标;

　　D——岩体的受扰动参数,取值为 $0 \sim 1$,对于未经扰动的岩体,$D = 0$,对于受扰动严重的岩体,$D = 1$。

　　Hoek-Brown 本构模型计算参数主要包括弹性模量 E、泊松比 μ、密度 ρ、单轴抗压强度、地质强度参数 GSI、m_i 以及岩体的受扰动参数 D。岩体基本的力学参数虽然可由第 2 章室内试验获得,但是考虑取样有一定的局限性,因此为了保证与现场监测数据的匹配程度,在进行数值模拟时基于地勘资料及《工程地质勘察规范》中[10]工程岩体弹性模量可由岩石弹性模量乘以相应折减系数的规定,对基岩的弹性模量进行适当折减。对于地质强度参数 GSI、m_i 以及岩体的受扰动参数 D 等参数结合文献[11]获得。岩层参数取值见表5-3。

岩层参数取值　　　　　　　　　　表5-3

地层名称	密度 ρ （kg/m³）	弹性模量 E （MPa）	泊松比 μ	单轴抗压强度 （MPa）	GSI	m_i
强风化泥岩	2300	500	0.16	9.97	12	20
强风化砂岩	2400	600	0.15	31.02	20	20
中风化泥岩	2300	1126	0.23	—	40	20

5.3 施工模拟

　　FLAC 3D 中基坑开挖采用 null 命令实现,本次模拟结合现场实际施工工况,采用分层开挖分层施作围护结构,总共分为九个阶段进行开挖。

　　第一阶段:放坡开挖第一层土,开挖至冠梁高程处,该层土开挖深度为3m,开挖深度达到3m时,激活围护桩和冠梁;

　　第二阶段:开挖至桩深2.5m处,并在桩深2m处加第一排锚索,并施作该层桩间挂网喷射混凝土;

　　第三阶段:开挖至桩深5.5m处,并在桩深5m处加第二排锚索,并施作该层桩间挂网喷射混凝土;

　　第四阶段:开挖至桩深8.5m处,并在桩深8m处加第三排锚索,并施作该层桩间挂网喷射混凝土;

　　第五阶段:开挖至桩深11.5m处,并在桩深11m处加第四排锚索,并施作该层桩间挂网喷射混凝土;

　　第六阶段:开挖至桩深14.5m处,并在桩深14m处加第五排锚索,并施作该层桩间挂网喷射混凝土；

第七阶段：开挖至桩深 17.5m 处，并在桩深 17m 处加第六排锚索，并施作该层桩间挂网喷射混凝土；

第八阶段：开挖至桩深 20.5m 处，并在桩深 20m 处加第七排锚索，并施作该层桩间挂网喷射混凝土；

第九阶段：开挖至基底，并施作该层桩间挂网喷射混凝土。

根据各开挖工况，数值模拟施工过程如图 5-4 所示。

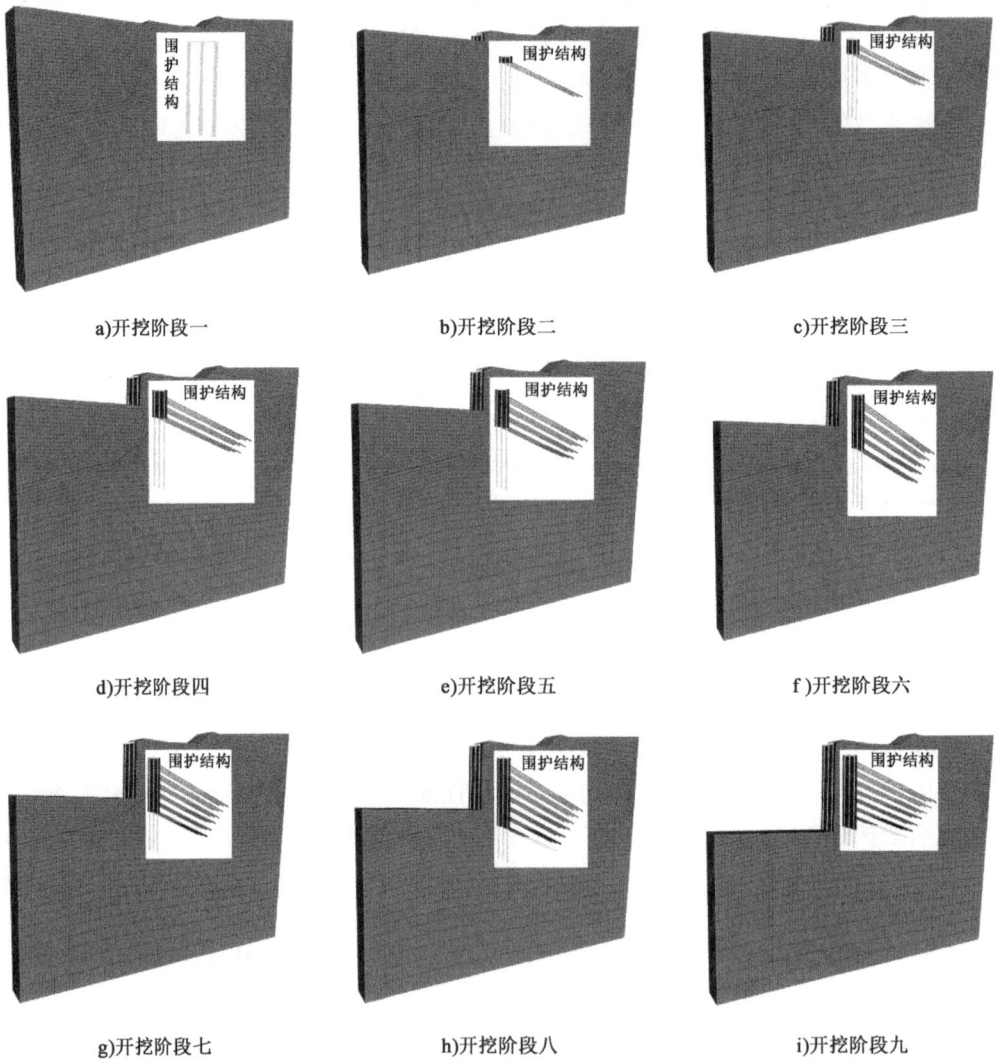

a)开挖阶段一　　　　　　　b)开挖阶段二　　　　　　　c)开挖阶段三

d)开挖阶段四　　　　　　　e)开挖阶段五　　　　　　　f)开挖阶段六

g)开挖阶段七　　　　　　　h)开挖阶段八　　　　　　　i)开挖阶段九

图 5-4　基坑开挖和支护结构施工过程模拟

5.4 参数验证

第2章试验结果表明,不同起伏高度下土岩界面强度参数存在差异,为验证本次岩土参数选取的合理性,将南Ⅱ区段基坑开挖过程的监测数据和模拟结果进行对比分析,最终确定合理的岩土层界面参数。

图5-5为围护桩水平位移的数值模拟结果和现场监测数据对比,正值表示朝向基坑内侧,负值表示朝向基坑外侧。其中,模拟1为岩土界面层强度参数 $c=93.7\text{kPa}$, $\varphi=21.09°$;模拟2为岩土界面强度参数 $c=110.06\text{kPa}$, $\varphi=22.46°$;模拟3为岩土界面强度参数 $c=114.9\text{kPa}$, $\varphi=24.58°$;模拟4为上述强度参数的平均值 $c=106.22\text{kPa}$, $\varphi=22.71°$。从图5-5中可以看出,围护桩水平位移的模拟值和监测值的变化趋势基本一致,两者变形均呈"饱腹"形,且模拟值和监测值数值相差较小,基本处于同一数量级,围护桩的监测值的最大值约为26.19mm,出现位置为桩体14.98m处,而模拟值分别为22.21mm、22.96mm、22.10mm和22.14mm,且均位于桩体13.2m处,数值模拟和监测值差异较小,表明数值模拟结果能较为真实地反映现场围护桩水平位移。

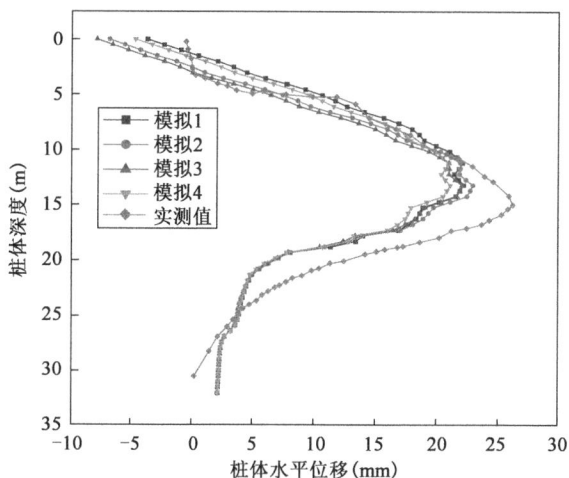

图5-5 围护桩模拟值和监测值的对比

图5-6为地表沉降的数值模拟结果和现场监测数据对比。由图5-6可以看出,模拟结果和监测结果所得曲线形态均为"凹槽"形,且现场监测最大地表沉降值为14.71mm,位于桩后8m处,而模拟值分别为14.56mm、13.97mm、14.87mm和14.29mm,位于桩后9.15m、8.64m、8.64m和9.15m处。地面沉降的模拟值和监测值的分布形态及沉降值大小差异均较小,表明数值模拟结果能较为真实地反映现场工程实际地面沉降变化。

综上,不同岩土界面强度参数下,基坑围护桩水平位移和地表沉降的数值模拟结果和现场监测数据差异较小,且均能很好地反映实际变形情况。当岩土界面参数采用平均值时,基坑围护桩水平位移和地表沉降的数值模拟结果最接近现场监测数据,因此后续模拟时的界面参数选用 $c=106.08\text{kPa}$, $\varphi=22.71°$。

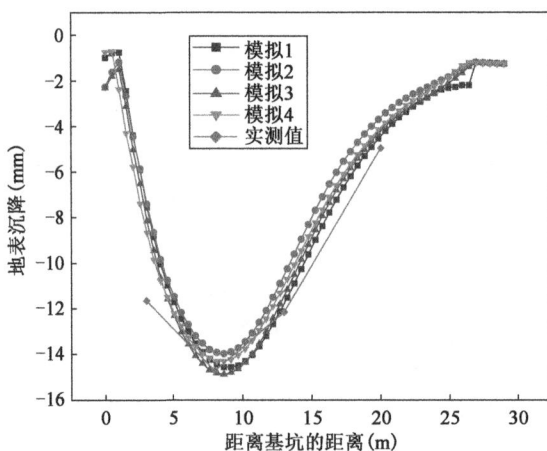

图 5-6　桩后地表沉降模拟值和实测值的对比

本章参考文献

［1］　王涛.FLAC 3D 数值模拟方法及工程应用:深入剖析 FLAC 3D5.0［M］.北京:中国建筑工业出版社,2015.

［2］　黄永金.土岩组合边坡抗滑桩支护结构受力机理研究［D］.重庆:重庆大学,2019.

［3］　袁锐.急倾岩层条件下地铁车站基坑开挖稳定性研究［D］.徐州:中国矿业大学,2021.

［4］　孙书伟,林杭,任连伟.FLAC 3D 在岩土工程中的应用［M］.北京:中国水利水电出版社,2011.

［5］　HOEK E,BROWN E T. Underground excavations in rocks［M］. London:Institution of Mining and Metallurgy,1980:527.

［6］　HOEK E, BROWN E T. Empirical strength criterion for rock masses［J］. Journal of Geotechnical and Geoenvironmental Engineering,ASCE,1980,106(9):1013-1035.

［7］　HOEK E,WOOD D,SHAH S. A modified Hoek-Brown criterion for jointed rock masses［C］// HUDSON J A ed. Proceedings of the Rock Characterization,Symposium of ISRM. London:British Geotechnical Society,1992:209-214.

［8］　HOEK E,BROWN E T. Practical estimates of rock mass strength［J］. Int. j. rock Mech. min. sci,1997,34(8):1165-1186.

［9］　MARINOS P,HOEK E. Estimating the geotechnical properties of heterogeneous rock masses such asflysch［J］. Bulletin of Engineering Geology and the Environment,2001,60(2):85-92.

［10］　重庆市设计院.工程地质勘察规范:DBJ 50/T-043—2016［S］.重庆:重庆市城乡建设委员会,2016.

［11］　徐根洪.Hoek-Brown 准则在风化岩体宏观力学参数确定中的应用［J］.浙江树人大学学报(自然科学版),2016,16(2):26-31.

第 6 章

土岩复合地层深基坑施工
稳定性的影响因素分析

兰花湖停车场基坑工程场地原始地貌属构造剥蚀浅丘斜坡地貌,地面呈宽缓的沟槽及丘坡相间分布,人工改造程度大,现大部分为填方区,填土厚度为 5.1 ~ 23m,地面高程地形总体坡角为 5° ~ 15°,下部基岩面倾斜角度为 0° ~ 40°。土石混合体回填土场地及倾斜的基岩面基坑开挖,必将与沿海土岩组合地层基坑产生较大的变形差异,因此,本章基于重庆轨道交通 10 号线兰花湖停车场深基坑工程,对基坑变形及开挖稳定的主要影响因素进行分析,根据场地地质情况及施工,采用单一变量法研究土层厚度、基岩面倾角和锚索预应力损失对土岩复合地层深基坑变形及开挖稳定性的影响。

6.1 数值模拟方案

为了研究土层厚度、基岩面倾角和锚索预应力损失对土岩复合地层深基坑变形及开挖稳定性的影响,本章开展了 3 组试验方案。

①研究不同土层厚度及不同基岩类型下基坑开挖稳定性及变形特征。兰花湖停车场基坑工程地质资料显示其土层厚度为 5.1 ~ 23m,下部岩层为砂岩和泥岩。采用单一变量法原则,上覆土层厚度分别取 5m、10m、15m 和 20m,其他因素,如岩层倾角均取为 10°,锚索预应力均采用设计张拉值。具体工况参数设置如表 6-1 所示,计算模型如图 6-1 所示。

②兰花湖基坑工程地质资料显示,其下伏基岩面倾角在 0° ~ 40° 的范围内,岩土界面下伏岩层为强风化泥岩,岩层倾角分别取 0°、10°、20°、30° 和 40°,土层厚度均取 15m,锚索预应力均采用设计张拉值。具体工况参数设置如表 6-2 所示,计算模型如图 6-2 所示。

土层厚度工况参数表 表 6-1

参数	土层厚度（m）	基岩面倾角（°）	锚索预应力损失（%）	基岩面岩层类型
H1	5			强风化泥岩
				强风化砂岩
H2	10			强风化泥岩
				强风化砂岩
H3	15	10	0	强风化泥岩
				强风化砂岩
H4	20			强风化泥岩
				强风化砂岩

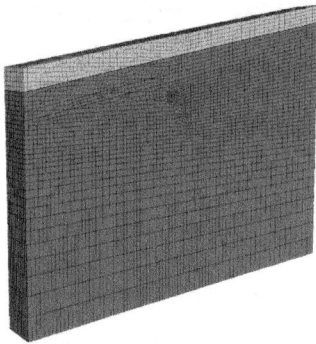

a)土层厚5m

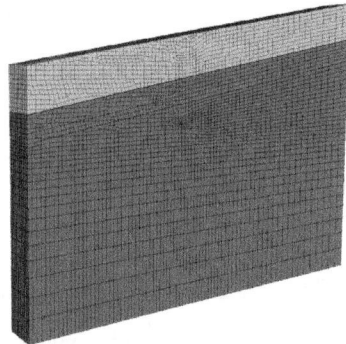

b)土层厚10m

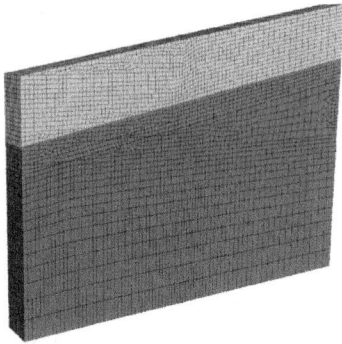

c)土层厚15m

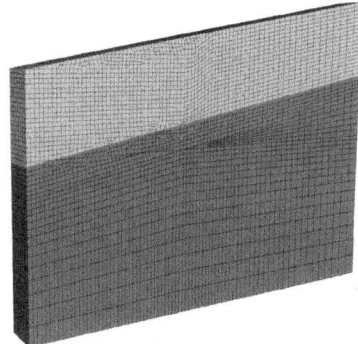

d)土层厚20m

图 6-1　土层厚度计算模型

基岩面倾角工况参数表 表 6-2

参数	Q1	Q2	Q3	Q4	Q5
土层厚度（m）			15		
基岩面倾角（°）	0	10	20	30	40
锚索预应力损失（%）			0		

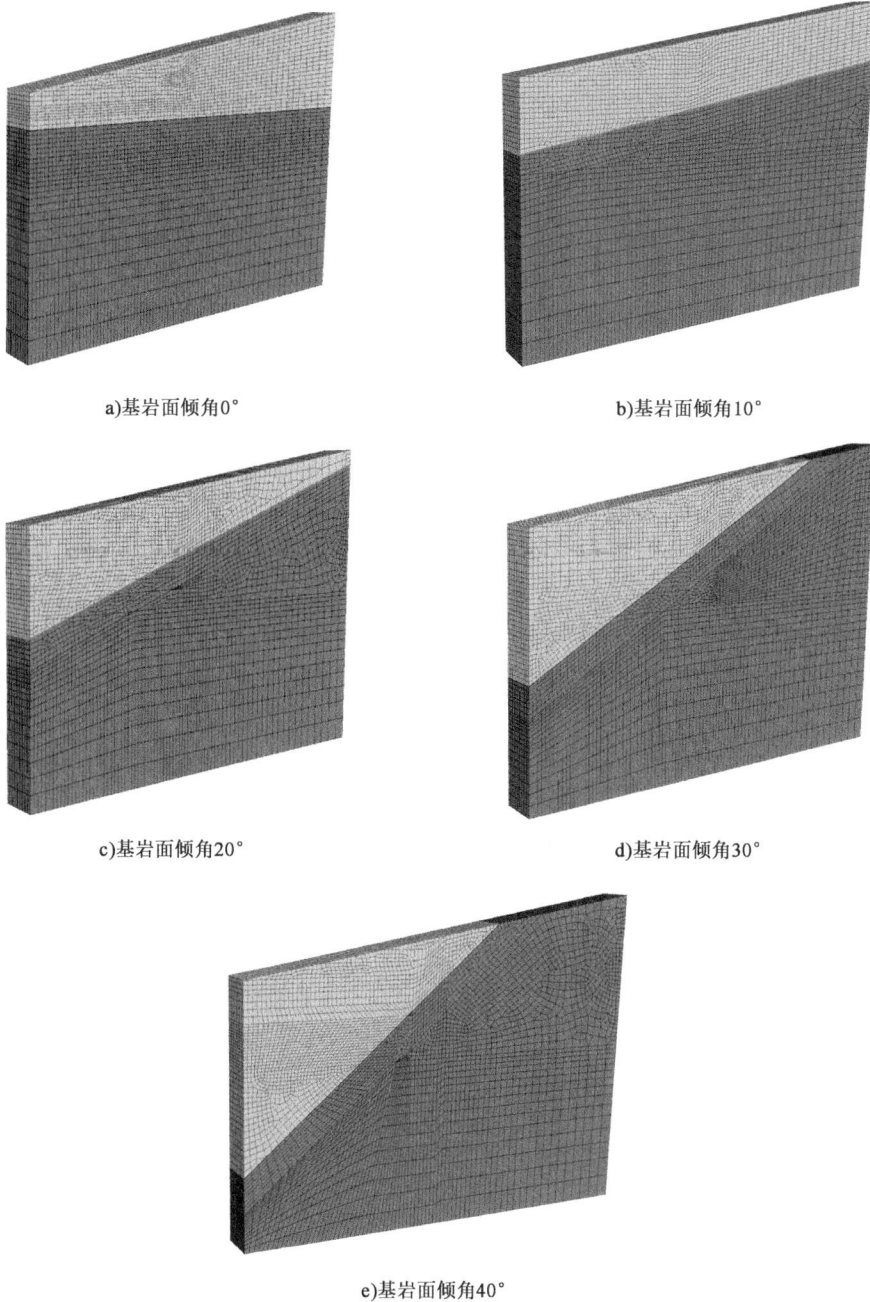

a)基岩面倾角0°

b)基岩面倾角10°

c)基岩面倾角20°

d)基岩面倾角30°

e)基岩面倾角40°

图6-2 基岩面倾角计算工况

③根据现场锚索预应力监测情况,选取全部锚索进行预应力损失,损失率分别取0%、10%、20%、30%、40%,土层厚度均取15m,岩层倾角均取10°。模拟时按照实际张拉设计值对预应力进行损失,其他力学参数和围护结构均保持一致。具体工况参数设置如表6-3所示。

锚索预应力损失工况表　　　　　　　　　　　表 6-3

参数	M1	M2	M3	M4	M5
土层厚度(m)	15				
基岩面倾角(°)	10				
锚索预应力损失(%)	0	10	20	30	40

6.2　土层厚度对土岩复合坡地深基坑开挖稳定性影响

(1)水平位移分析

图 6-3 为强风化泥岩不同土层厚度下土体水平位移云图(左列)和总位移矢量图(右列)。从水平位移云图可以看出,支护结构和岩土层力学参数相同时,土层厚度为 20m 时围护桩后土体水平位移最大;不同土层厚度条件下,桩后土体最大位移均发生在土层部分,但各工况下存在较大差异。土层厚度为 5m、10m 时,由于土层厚度较薄,最大水平位移位于围护结构顶部附近,且在土岩界面处形成了明显滑移区,但水平位移值较小;当土层厚度为 15m、20m 时,桩后土体最大位移位置逐渐下移,均位于土岩界面以上一定高度处。这是因为开挖卸荷引起应力重分布,导致桩后岩土体向基坑内移动,岩层刚度较大,上部土石混合体刚度较小,开挖卸荷引起土体扰动明显,导致桩后岩土体最大水平位移均位于土层内。由位移矢量图可以看出,由于开挖卸荷的作用,岩土体均是向基坑方向产生位移。

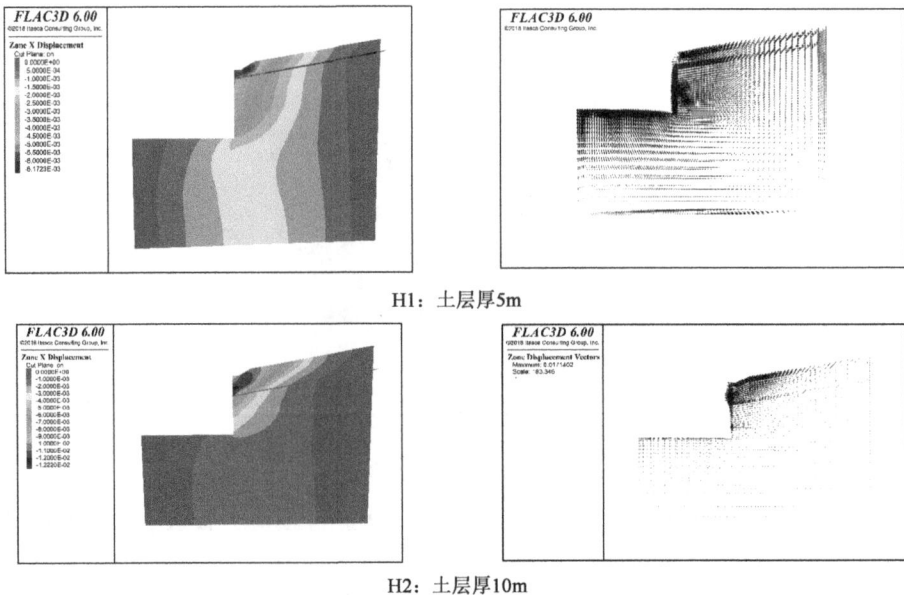

H1:土层厚5m

H2:土层厚10m

图　6-3

H3：土层厚15m

H4：土层厚20m

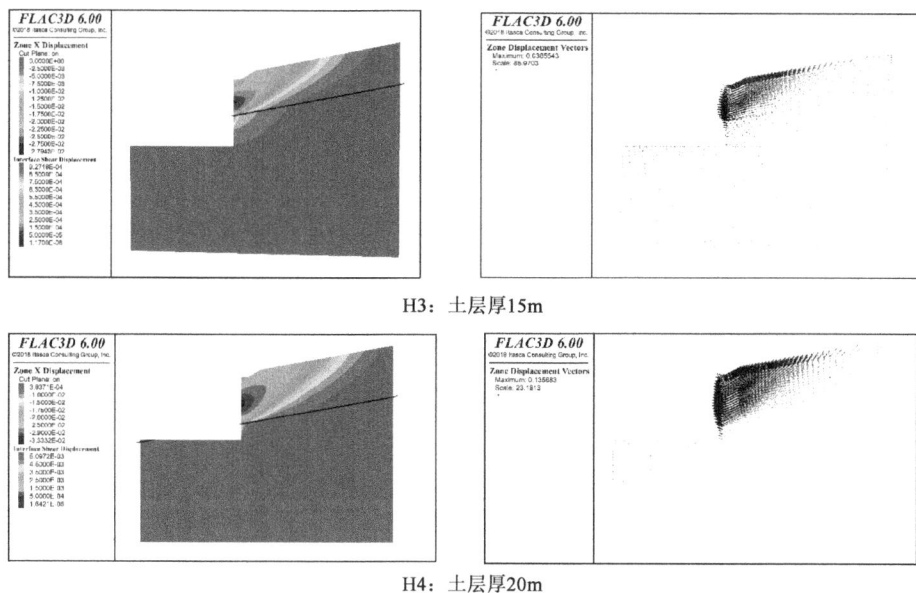

图6-3 强风化岩不同土层厚度下土体水平位移云图和总位移矢量图(强风化泥岩)

为分析不同土层厚度下桩体水平位移的变化情况,选取土层开挖完时和开挖至基坑底部时桩体水平位移曲线进行分析。图6-4为上覆土层开挖结束时桩体水平位移曲线图,由图可以看出,当基岩面为强风化泥岩时,上覆厚度为5m、10m、15m、20m的桩体最大水平位移为 -2.59 mm、-6.87 mm、-22.4 mm、-27.19 mm;当基岩面为砂岩时,上覆厚度为5m、10m、15m、20m的桩体最大水平位移 -2.30 mm、-7.82 mm、-15.72 mm、-18.33 mm。无论基岩面为强风化泥岩还是强风化砂岩,曲线变化规律均较为一致,除土层厚度5m工况下围护桩顶位移最大,其余工况围护桩变形曲线均呈上下小,中间大的"饱腹"形。

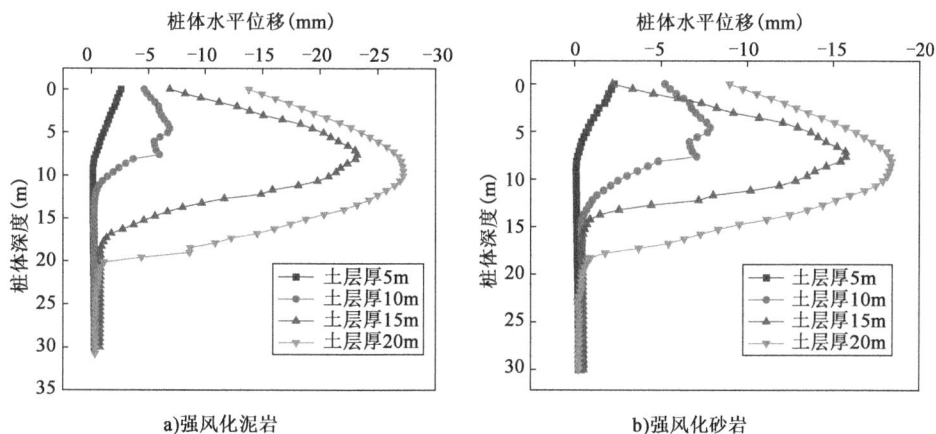

a)强风化泥岩

b)强风化砂岩

图6-4 土层开挖完时桩体水平位移

图 6-5 为上覆土层开挖结束时桩体水平位移曲线图。从图中可以看出,随着上覆土层厚度增加,桩体水平位移逐渐增大,最大位移所在位置也逐渐沿着桩体向下移动。与图 6-4 相比,各工况下桩体水平位移最大值位置保持不变,这说明土层开挖和下层强风化岩层开挖条件下,桩体水平位移位置没有发生变化,只是桩体水平位移值增加。当基岩面为强风化泥岩时,上覆土层厚度为 5m、10m、15m、20m 的桩体水平位移分别为 − 6.04mm、− 12.21mm、− 27.72mm 和 − 33.72mm;当基岩面为风化砂岩时,各工况下桩体水平位移分别为 − 5.28mm、− 10.66mm、− 20.81mm 和 − 29.74mm。对比图 6-4 中的曲线数据,基岩面为强风化泥岩时,上覆土层开挖桩体水平位移占总位移量的 42.8% ~ 80.8%,基岩面为强风化砂岩时,上覆土层开挖桩体水平位移占总位移量的 43.56% ~ 75.54%,由此可见,土层开挖对围护结构变形影响更大。根据弹性地基梁理论[1],围护桩看作悬臂梁,土层开挖卸荷作用导致土体向基坑内侧方向位移,围护结构受到来自土体的主动土压力,而岩层刚度较大,对围护结构产生的压力较小,但是随着下层岩层的开挖,悬臂梁长度不断增大,上部主动土压力依然导致围护结构向基坑内侧位移。因此,上部土层开挖时围护结构产生变形较大。

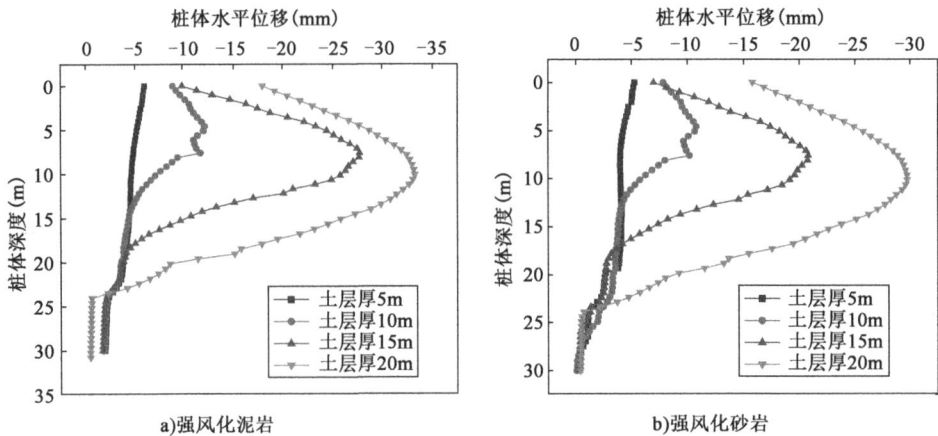

a)强风化泥岩   b)强风化砂岩

图 6-5   开挖至基底时桩体水平位移

由图 6-4 和图 6-5 可以发现,当土层厚度一定时,岩层从强风化砂岩向强风化泥岩转变,围护结构水平位移也不断增大,这说明下层基岩强度对基坑围护结构变形有显著影响。岩层强度降低,作用在围护结构上的压力增大,水平位移也随之增大。

(2)地层沉降分析

图 6-6 为基岩面为强风化泥岩时,不同土层厚度下地层沉降位移云图(左列)和总位移矢量图(右列)。其中,正值表示向上隆起,负值表示沉降。由位移云图可以看出,土层厚度越大,地层竖向位移值越大,即土层厚度为 20m 时,围护桩后地表沉降值最大。由位移云图和总矢量图可以看出,靠近围护桩附近的土体均出现不同程度的隆起,该范围产生隆起的原因为基坑锚索预应力张拉设计值较大,桩后土体主动土压力小于锚拉作用力,导致该部分土体产生向上的位移。土层厚度不同时,桩后地层沉降出现较为明显的差异,土层厚度为 5m 时,沉降为明显的层状差异;土层厚度为 10m、15m、20m 时,由于桩后主动土压力增大,土体有沿着土岩

界面向基坑内侧下滑的趋势,且土体整体沉降趋势呈"勺子"形。

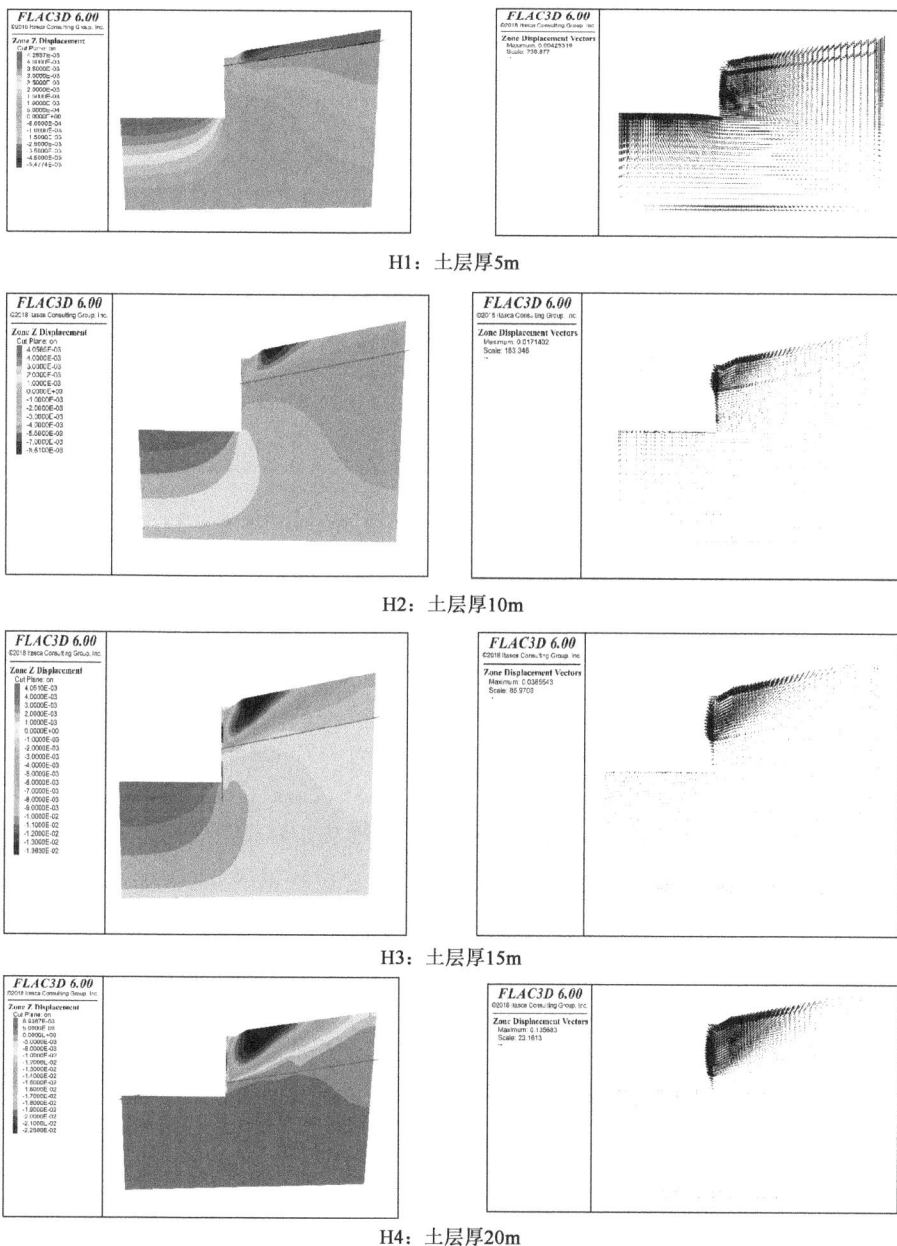

H1:土层厚5m

H2:土层厚10m

H3:土层厚15m

H4:土层厚20m

图6-6 不同土层厚度下土体沉降位移云图和总位移矢量图(强风化泥岩)

要进一步量化不同土层厚度下地表沉降的分布情况,需绘制不同土层厚度桩后地表沉降曲线图。图6-7为上覆土层开挖结束时,不同土层厚度工况下桩后地层边坡土体沉降位移曲线。从图中可以看出,围护桩后地层边坡整体沉降曲线呈"勺子"形,基岩面为强风化泥岩和强风化砂岩时,不改变桩后地表沉降模式,只影响其沉降值大小。土层开挖完后,基岩面为强风化泥岩时,上覆土层厚度为 5m、10m、15m、20m 的桩后边坡地层沉降最大值分别

为 -2.64mm、-5.02mm、-11.13mm、-18.14mm;基岩面为强风化砂岩时,各工况桩后地层沉降值分别为 -1.02mm、-3.50mm、-7.25mm、-16.50mm。

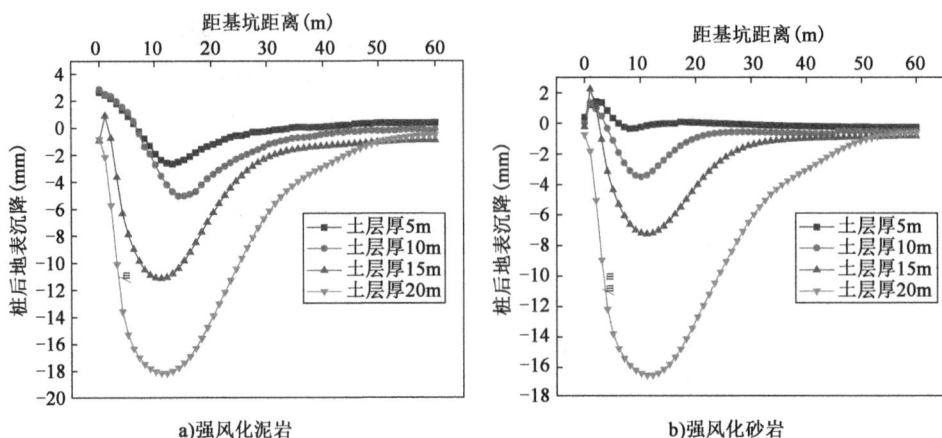

图 6-7　土层开挖完时桩后土体沉降

图 6-8 为基坑开挖至基底时,不同土层厚度工况下桩后地层边坡土体沉降位移曲线。从图中可以看出,上覆土层厚度对桩后边坡地层沉降影响较大,当上覆土层厚度为 5m 和 10m 时,桩后地表沉降值较小。当土层厚度为 15m 和 20m 时,桩后地表沉降明显增加。当基坑开挖至基底时,对于基岩面为强风化泥岩,上覆土层厚度为 5m、10m、15m、20m 时桩后边坡地表沉降最大值分别为 -5.47mm、-8.61mm、-13.63mm、-22.98mm;对于基岩面为强风化砂岩,各工况桩后地表沉降最大值分别为 -1.97mm、-5.11mm、-12.69mm、-21.79mm。同样,对比基坑上覆土层开挖完成和开挖至基底时,桩后地表沉降值差异较大。对于基岩面为强风化泥岩,上覆土层开挖完成后,桩后地表沉降位移占总位移量的 48.26% ~81.65%,对于基岩面为强风化砂岩,上覆土层开挖完成后,桩体地表沉降位移占总位移量的 51.71% ~75.72%。

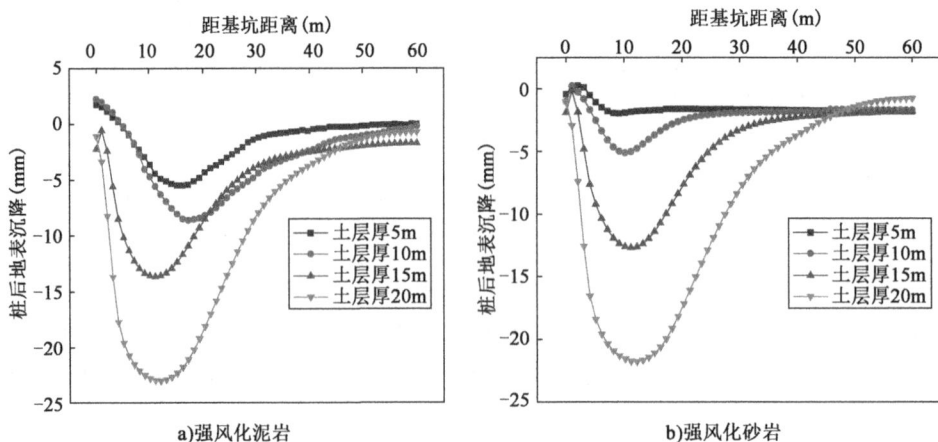

图 6-8　开挖至基底时桩后土体沉降位移典线

从基坑开挖的影响范围上看,距离围护结构越远,地表沉降越小,最后趋于稳定。表6-4为桩后地表沉降影响范围,从表中可以看出,土层厚度对桩后地表沉降影响范围有着显著影响:基岩面为强风化泥岩时,土层厚度从5m增加到20m,地表沉降影响范围从1.13H增加到2.26H(H为基坑开挖深度);基岩面为强风化砂岩时,土层厚度从5m增加到20m,地表沉降影响范围从0.94H增加到2.26H。

桩后地表沉降影响范围 表6-4

土层厚度(m)		5	10	15	20
地表沉降影响范围	强风化泥岩	1.13H	1.89H	1.89H	2.26H
	强风化砂岩	0.94H	1.13H	1.51H	2.26H

注:表中H为基坑开挖深度。

(3)基坑安全系数

采用FLAC 3D中的强度折减法,计算不同工况下基坑开挖完成后的安全系数,分析不同土层厚度下基坑开挖完成并施加围护结构后基坑整体稳定性。

强度折减法定义安全系数为岩土体的实际抗剪强度与临界破坏时经折减后的抗剪强度的比值[2]。强度折减法计算原理即通过对地层参数黏聚力c和内摩擦角φ同时进行折减,折减系数为K,经过反复计算,直到基坑达到临界破坏状态,此时的折减系数即为安全系数。由式(6-1)计算基坑安全系数K。

$$K = \frac{c_i}{c_{cr}} = \frac{\tan\varphi_i}{\tan\varphi_{cr}} \tag{6-1}$$

式中:K——安全系数;

c_i——岩土体初始黏聚力(MPa);

φ_i——岩土体初始内摩擦角(°);

c_{cr}——岩土体临界黏聚力(MPa);

φ_{cr}——岩土体临界内摩擦角(°)。

安全系数计算完成后,得到不同土层厚度下基坑开挖最大剪应变增量云图(图6-9)。其中,剪应变增量大小能较好地反映岩土体的破坏情况,最大剪应变增量比周围有明显增大的地方,岩土体一般处于不稳定状态,同时该区域也是潜在滑移破坏面。

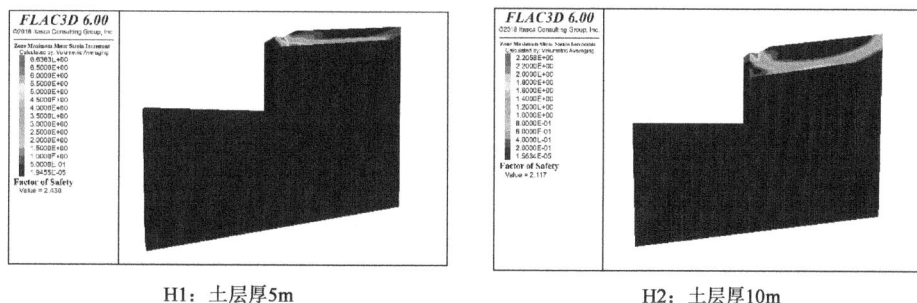

H1:土层厚5m

H2:土层厚10m

图 6-9

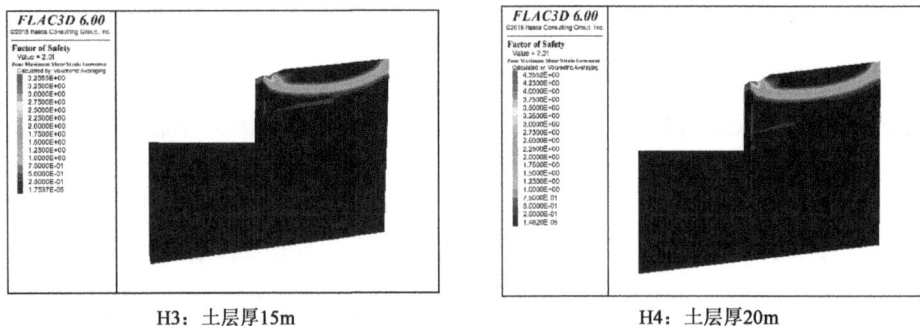

| H3：土层厚15m | H4：土层厚20m |

图6-9　不同土层厚度下基坑最大剪应变增量云图(强风化泥岩)

由图6-9可以看出,最大剪应变增量增大的区域均出现在上覆土层中,且贯穿土层形成圆弧形的滑移区。当土层厚度为5m和10m时,最大剪应变增量增大区域与土岩界面重合,且在土岩界面处出现明显增大。从其分布形式和轮廓来看,若该工况基坑发生失稳破坏,则潜在滑移破坏面为岩土界面。当土层厚度为15m和20m时,最大剪应变增量增大区域逐渐下移,但均位于岩土界面之上,从其轮廓来看,该工况破坏形式为上覆土层的圆弧滑移破坏。

图6-10所示为不同土层厚度下基坑开挖完后的安全系数。土层越厚安全系数越小,表明土层越厚稳定性越低,设计时应加强基坑支护。

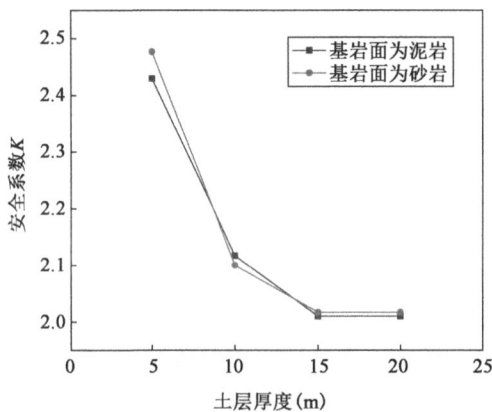

图6-10　不同土层厚度下基坑开挖完后的安全系数

6.3　基岩面倾角对土岩复合坡地深基坑开挖稳定性影响

(1)土体水平位移分析

不同基岩面倾角下桩后土体水平位移云图(左列)和总位移矢量图(右列)如图6-11所示。由总位移矢量图可以发现,桩后土体整体沿着基岩面向基坑内侧方向滑移,并形成了一个弧形滑移面。随着基岩面倾角的增加,桩后土体水平位移逐渐减小,这是由于上部土层为楔形块体,桩后土体随着基岩面倾角的增加逐渐减少,基岩面的阻滑作用增强,土层水平位移减小。

由位移云图可以发现,桩后岩土层最大水平位移均位于岩土界面以上的土层部分。

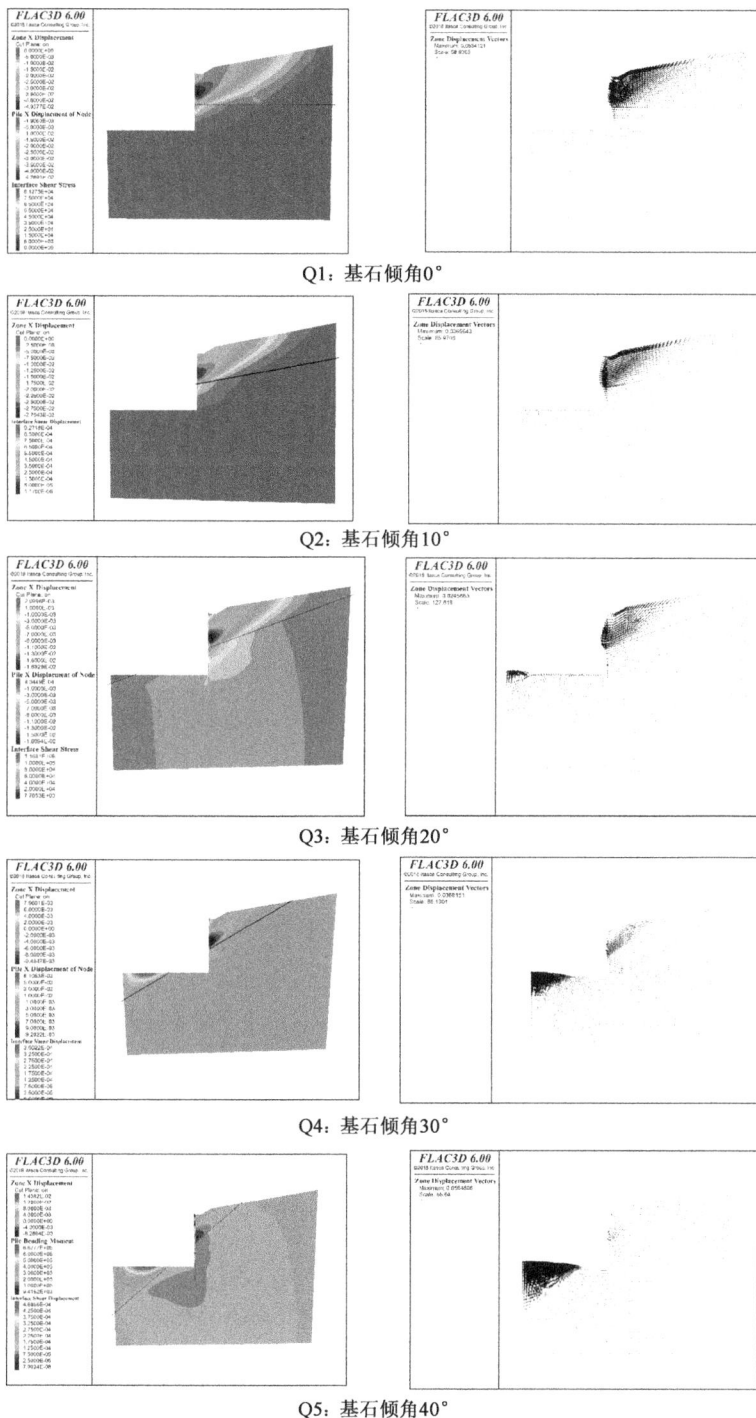

Q1:基石倾角0°

Q2:基石倾角10°

Q3:基石倾角20°

Q4:基石倾角30°

Q5:基石倾角40°

图6-11　不同基岩(泥岩)倾角土体水平位移云图和总位移矢量图

为研究不同基岩面倾角对基坑开挖围护桩变形的影响,分析了基坑开挖至基底时不同基岩面倾角下的桩体水平位移曲线,如图 6-12 所示。围护桩的位移整体呈"饱腹"形,随着基岩面倾角的增大,桩体水平位移逐渐降低;当基岩面倾角为 0°、10° 和 20° 时,围护桩顶的水平位移均朝向基坑内侧,并且桩体水平位移随着倾角增大逐渐减小。当基岩面倾角 30° 和 40° 时,桩体顶部水平位移朝向基坑外侧。这是由于两种工况下,桩后主动土压力较小,而桩体顶部预应力锚索的张拉力设计值较大,因此导致围护桩顶部产生朝向基坑外侧方向的位移。

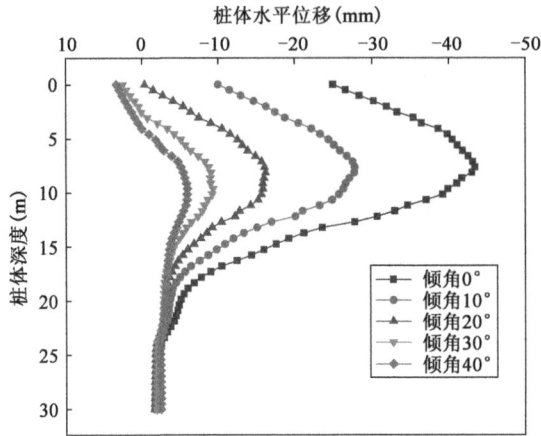

图 6-12　不同倾角下桩体水平位移曲线

当基岩面倾角为 0° 时,桩体最大水平位移量约为 42.5mm,围护桩顶也朝向基坑内侧产生了约 23.4mm 的位移,这说明桩后岩土体产生了较大的位移;当基岩面倾角为 10° 时,桩体最大水平位移约为 27.7mm,桩顶位移约为 9.97mm,其余基岩面倾角下围护桩水平位于介于 6.02 ~ 16.0mm 的范围内,且各基岩面倾角下桩体水平位移最大值基本位于埋深约 8.1m 附近。图 6-13 所示为不同基岩面倾角下桩体最大水平位移曲线,基岩面倾角为 40° 时,桩体最大水平位移比基岩面倾角为 0° 时的最大水平位移减小了 36.48mm,可见基岩面倾角对基坑围护结构及土体水平位移形变有显著的影响。

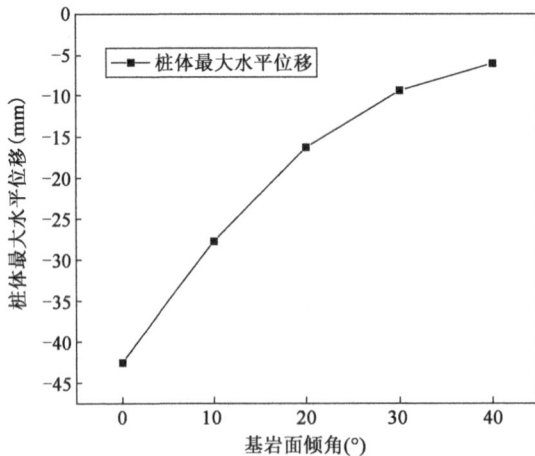

图 6-13　不同倾角下桩体最大水平位移曲线

（2）地层沉降分析

图 6-14 所示为不同基岩面倾角下土体竖向位移云图,图中正值表示隆起变形,负值表示沉降变形。从图中可以看出,基岩面倾角为0°时,桩后土层整体竖向位移较大,且土岩界面沉降差异较明显。随着基岩面倾角的增大,桩后土体沉降逐渐变小,而深层土体沉降沿着基岩面向基坑内侧方向扩展,并且这一规律随着倾角的增大越来越明显。在基岩面倾角为0°～30°时,桩后土体沉降范围整体形态呈"勺子"形,基岩面倾角为40°时,桩后土体沉降值较小,沉降范围一直延伸到坡顶位置。

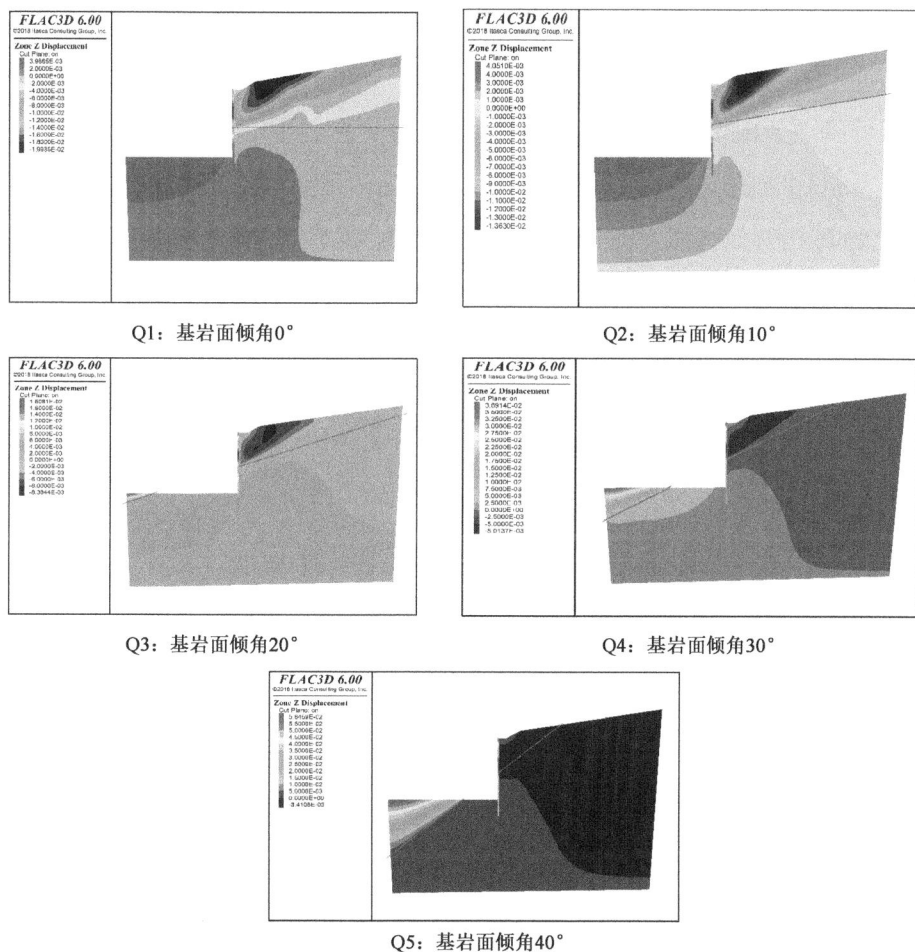

Q1：基岩面倾角0°

Q2：基岩面倾角10°

Q3：基岩面倾角20°

Q4：基岩面倾角30°

Q5：基岩面倾角40°

图 6-14　不同基岩面倾角下土体竖向位移云图

图 6-15、图 6-16 为不同倾角下桩后地表沉降和最大沉降值随基岩面倾角的变化规律。由图 6-15 可知,靠近维护结构处的土体出现不同程度隆起,隆起值在 2.5mm 以内。不同基岩面倾角桩后土体沉降或者隆起的分布形式均类似,各模型均在距离基坑开挖面约 11m 处达到最大沉降量。由图 6-16 可以看出,不同倾角下桩后地表最大沉降值存在较大差异,基岩面倾角为0°、10°、20°、30°和40°的桩后地表沉降最大值分别为 19.16mm、13.63mm、8.36mm、4.13mm 和 2.26mm,可见基岩面倾角变化对桩后地表沉降影响显著。

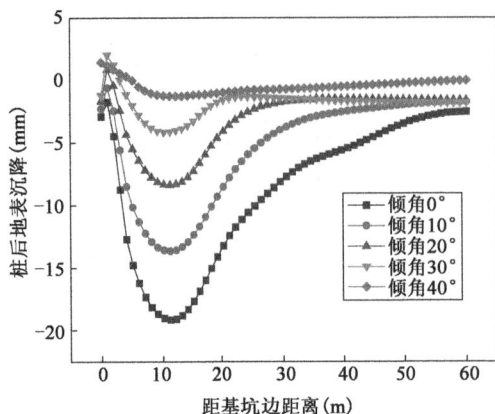

图6-15　不同基岩面倾角下桩后地表沉降曲线图　　图6-16　不同基岩面倾角下地表最大沉降曲线图

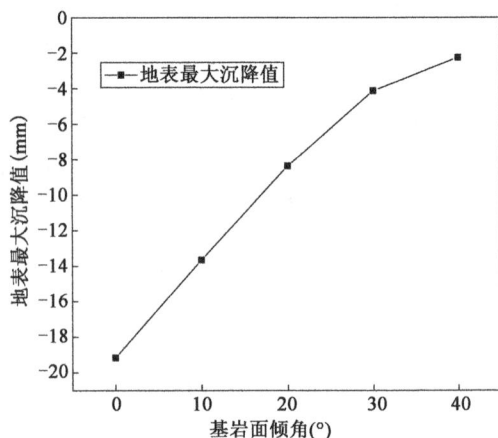

图6-17为基岩面倾角对桩后地表沉降范围的影响。地表沉降影响范围与基岩面倾角呈一次线性关系，随着基岩面倾角的增大，地表沉降范围逐渐减小，基岩面倾角从0°增加到40°时，桩后地表沉降范围从距围护结构54m减小到13m，即从2.03H降到0.49H（H为基坑开挖深度）。

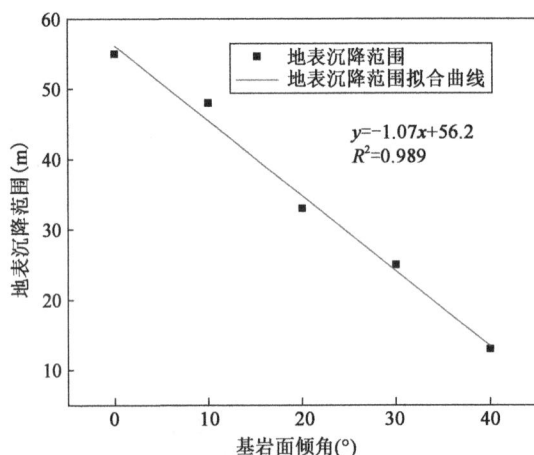

图6-17　不同基岩面倾角下桩后地表沉降范围图

（3）岩土压力分布

图6-18为不同基岩面倾角下SXX应力云图。由图可以看出，基坑外侧岩土压力在土岩接触面处不是连续的，在土层部分岩土压力逐渐增加，在土岩接触面处岩土压力突然降低，然后在岩层中岩土压力又持续增加。

图6-19为基坑围护桩后方土压力曲线。从图中可以看出，在土岩界面以上土层部分岩土压力持续增加，且基岩面倾角越大岩土压力越小。基于桩体水平位移和土体沉降结果可知，倾角越大桩后土体向基坑内侧方向的位移越小，因此作用于围护结构上的岩土压力越小。岩土压力在土岩界面处突然减小，这是由于土岩界面处岩体约束上部土层位移，导致土压力在土岩界面处突然回弹。在土岩界面以下岩土压力缓慢增加，增加幅度很小，当到达基坑底部时由于

围护结构嵌入岩体,围护结构变形量小于岩体所释放的形变量导致岩土压力急剧增加,最终逐渐趋于平稳。

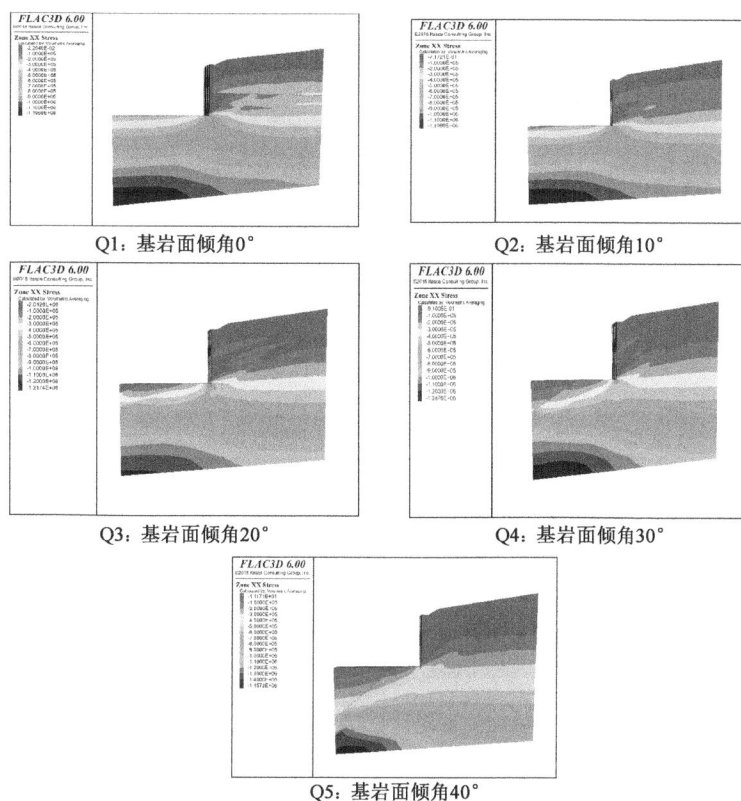

Q1:基岩面倾角0°

Q2:基岩面倾角10°

Q3:基岩面倾角20°

Q4:基岩面倾角30°

Q5:基岩面倾角40°

图 6-18　基岩面倾角下 SXX 应力云图

(4)基坑安全系数

为分析基岩面倾角对基坑开挖稳定的影响,基于强度折减法得到基坑开挖完成并施加支护结构后的安全系数,如图 6-20 所示。

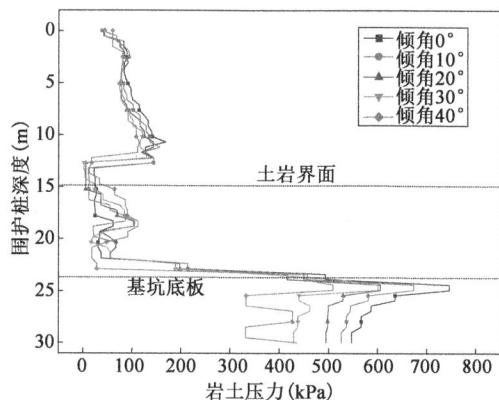

图 6-19　不同倾角下基坑围护桩后方土压力曲线

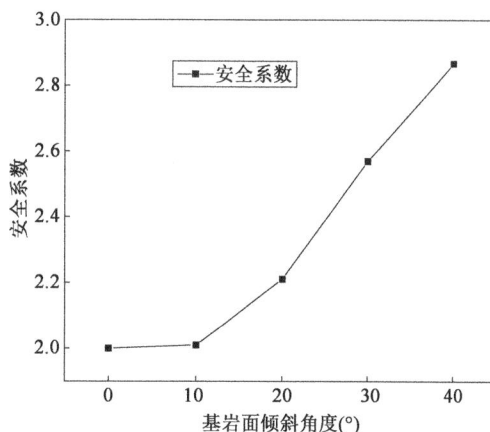

图 6-20　不同基岩面倾角下基坑安全系数

当基岩面倾角为 0° 时,基坑开挖完后整体的安全系数最低,随着基岩面倾角的增加,基坑开挖完成后的安全系数逐渐提高,这表明基岩面倾角对基坑的稳定性有较大影响。对比基坑开挖完后桩后岩土体水平位移、竖向位移、岩土压力以及围护结构受力的结果发现,当基坑安全系数最低时,桩后岩土体的变形量最大,围护桩的水平位移以及岩土压力也最大。

图 6-21 为不同基岩面倾角下基坑最大剪应变增量云图。从图中可以看出,最大剪应变增量增大区均位于上覆土层内。当基岩面倾角为 0° 和 10° 时,最大剪应变增量增大区域面积较大。两种工况下基岩面倾角较缓,若基坑发生失稳破坏,则为土层内的圆弧滑移破坏;当基岩面倾角大于 10° 时,最大剪应变增量增大区域沿着基岩面贯穿到坡顶,且靠近基岩面处最大剪应变增量有显著增大,从其分布形式和轮廓来看,基岩面倾角在 10° ~ 40° 范围内,若基坑发生失稳破坏,则潜在滑移破坏面为岩土界面。

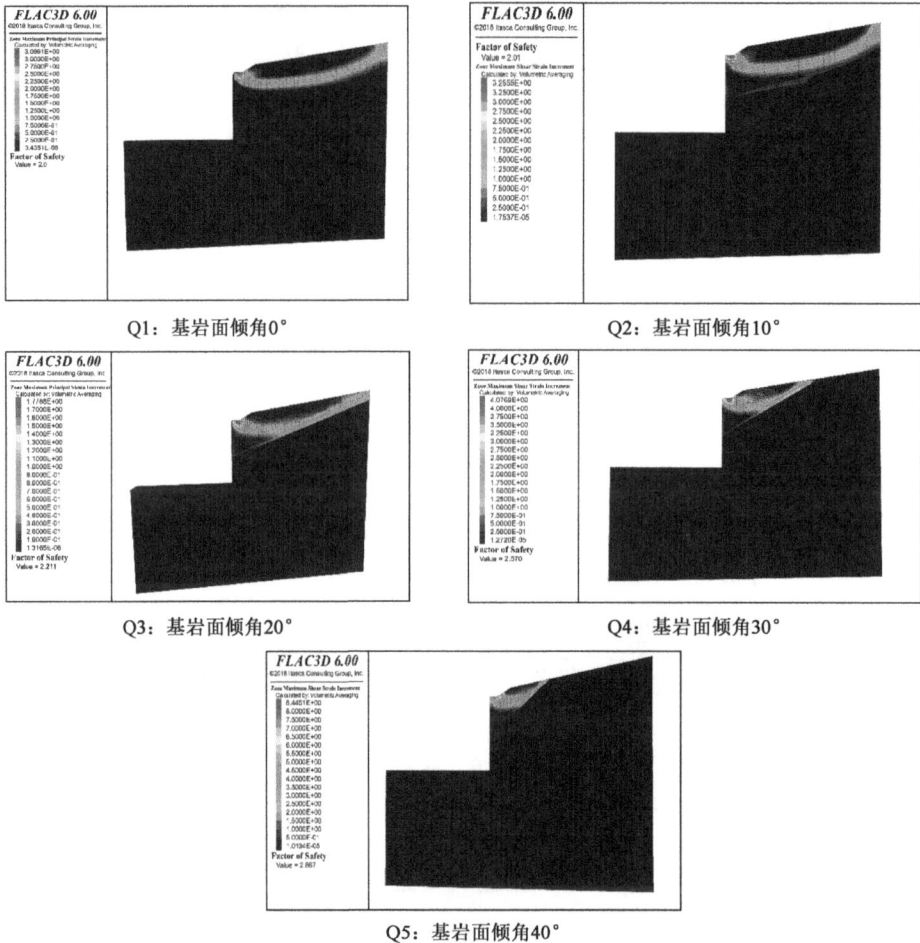

Q1:基岩面倾角0°

Q2:基岩面倾角10°

Q3:基岩面倾角20°

Q4:基岩面倾角30°

Q5:基岩面倾角40°

图 6-21 不同基岩在倾角下基坑最大剪应变增量云图

6.4 锚索预应力损失对土岩复合坡地深基坑开挖稳定性影响

结合第 3 章锚索轴力监测的分析,实际施工过程中,由于种种原因,预应力张拉效果总是达不到设计张拉值,因此本节将在设计张拉值的基础上分析预应力损失对基坑变形稳定性的影响,根据数值模拟方案③分别建立锚索预应力损失率 0%、10%、20%、30%、40% 的三维数值模型,具体计算结果如下。

(1)土体水平位移分析

当锚索预应力损失率分别为 0%、10%、20%、30%、40% 时,基坑岩土体水平位移云图如图 6-22 所示。从图中可以看出,基坑开挖过后桩后土体出现了剪切滑移趋势,随着锚索预应力损失增大,滑移区土体颜色逐渐变深,并且加深区域逐渐向桩顶扩展。这表明土体向基坑内侧的位移增大。

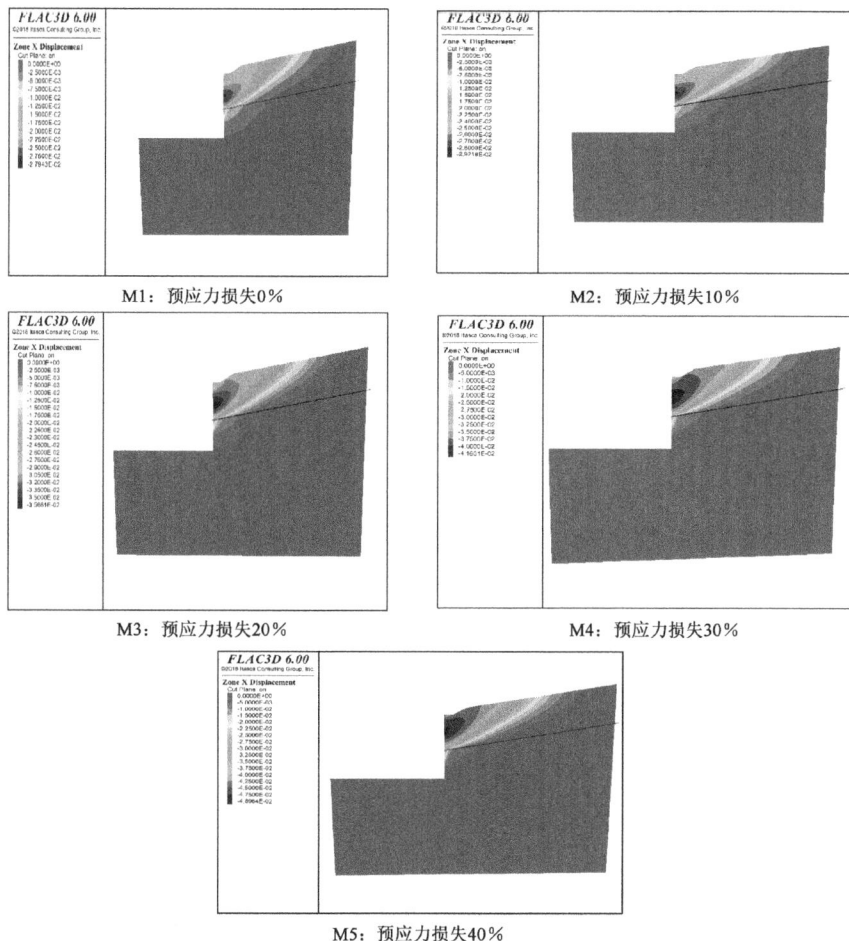
M1:预应力损失0%

M2:预应力损失10%

M3:预应力损失20%

M4:预应力损失30%

M5:预应力损失40%

图 6-22 不同锚索损失率下土体水平位移云图

锚索预应力损失下围护桩最大水平位移计算结果如表6-5所示。从表6-5可知,随着锚索预应力损失的增加,基坑最大水平位移不断增大。当锚索预应力损失达到40%时,最大水平位移从27.7mm增加到了48.96mm,相比预应力损失率为0%时,最大水平位移增幅达到76.75%,这表明锚索预应力对基坑水平位移有着显著影响。根据《建筑基坑支护技术规程》(JGJ 120—2012)[3],一级基坑围护结构深层水平位移最大值为基坑开挖深度的0.3%。基坑开挖深度26.5m,由此计算最大水平位移为79.5mm,可见锚索损失为40%时,依然满足基坑安全性的要求。

不同锚索预应力损失下围护桩最大水平位移 表6-5

预应力损失率 (%)	0	10	20	30	40
最大水平位移 (mm)	27.7	29.21	34.83	41.60	48.96

图6-23为各预应力损失工况下桩体水平位移曲线图。由图可知,随着锚索预应力损失的增加,桩体水平位移不断增大,最大水平位移位置也不断往上移,围护桩顶部位移增量要大于中部最大位移处。因此,随着预应力损失的加剧,桩体上部可能首先发生断裂破坏。

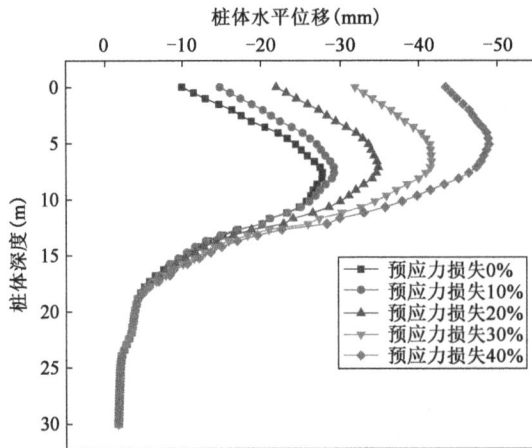

图6-23 不同预应力损失工况下桩体水平位移曲线

(2)地层沉降分析

图6-24为不同锚索预应力损失工况下桩后地表沉降计算结果。从图6-24a)可以看出,锚索预应力损失对桩后地表沉降影响显著,预应力损失对桩后土体最大沉降量也有影响,但沉降影响范围和最大沉降值的位置未发生变动。图6-24b)显示地表最大沉降量随着预应力损失的增加不断增大,当预应力损失达到40%时,最大沉降值从13.63mm增加到26.64mm,相比原设计值增加了95.3%。此外,地表最大沉降值曲线斜率初期较缓,后期逐渐变陡,即随着锚索发生预应力损失的增加,土体沉降初期变化较小,后期出现大幅沉降现象。这是因为预应力损失较小时,锚固体对土体的集聚作用减弱,引起土体体积膨胀,土体沉降量较小。

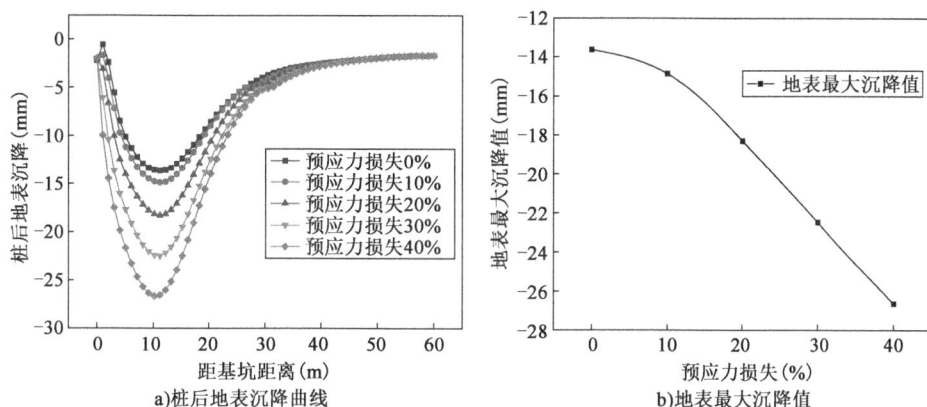

a)桩后地表沉降曲线　　　　　b)地表最大沉降值

图 6-24　不同锚索预应力损失下桩后地表沉降计算结果

（3）基坑安全系数

图 6-25 和图 6-26 为不同预应力损失工况下，基坑开挖完成并施加围护结构后基坑安全系数和最大剪应变增量云图。从图中可以看出，不同预应力损失工况下，最大剪应变增量增大区域均发生于上部土层中，最大剪应变增量轮廓均为圆弧形。此外，基坑开挖完成后，基坑安全系数值均较大，预应力损失对基坑安全系数影响不明显。这是因为基坑施加围护结构后，基坑稳定性较高。此外，预应力锚索主要对下层岩土体起锚固作用，而最大剪应变增量增大区域主要位于基坑表层土体，因此，锚索预应力损失的变化对基坑安全系数的影响较小。

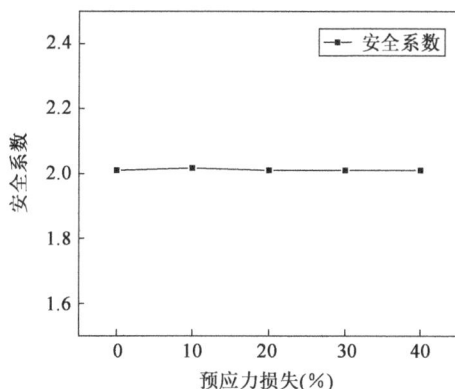

图 6-25　不同预应力损失下的安全系数

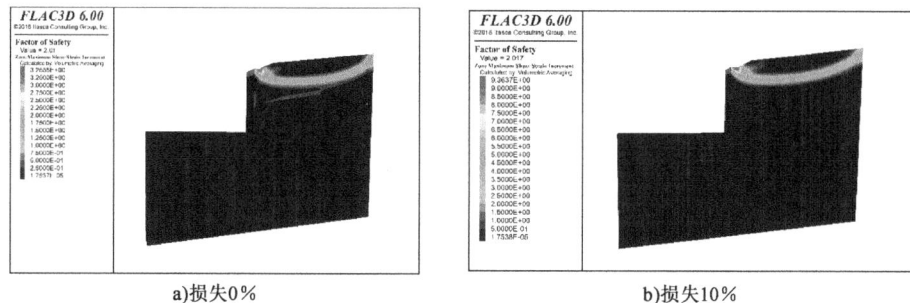

a)损失0%　　　　　　　　　　b)损失10%

图　6-26

c)损失20%

d)损失30%

e)损失40%

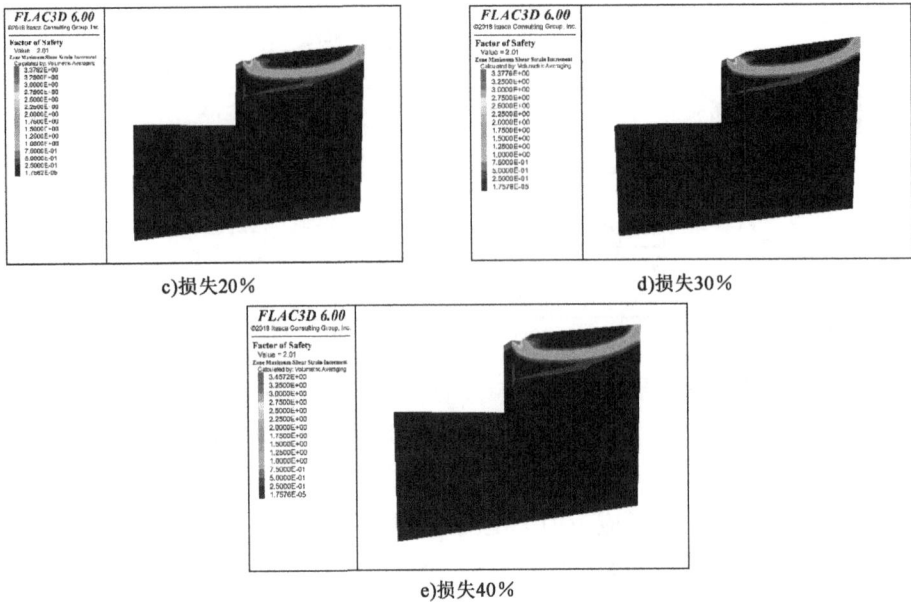

图 6-26　不同预应力损失下最大剪应变增量云图

本章参考文献

[1] 赖鹏程.弹性地基梁"m"法在深基坑支护结构中应用[J].中国水运:理论版,2006,4 (11):61-63.

[2] 王伟,陈国庆,朱静,等.考虑张拉-剪切渐进破坏的边坡强度折减法研究[J].岩石力学与 工程学报,2018,37(9):2064-2074.

[3] 中华人民共和国住房和城乡建设部.建筑基坑支护技术规程:JGJ 120—2012[S].北京: 中国建筑工业出版社,2012.

第 7 章

深基坑工程信息化施工技术

　　基坑工程中影响因素众多,现有的计算理论尚不能全面反映工程的各种复杂变化,基坑支护结构设计时虽然进行了尽可能详细的计算,但设计与施工的脱节仍会存在[1]。究其原因,一方面由于设计理论所限,其计算工况模型还不能完全切实地反映施工时的具体状况;另一方面设计人员往往只能根据常规的假定工况进行计算,而施工过程中现场情况复杂,导致实际施工工况与原设计不相符合。在这种情况下,需要通过综合的现场监测来判断前一步施工是否符合预期要求,并确定和优化下一步的施工参数,实现信息化施工。

　　信息化施工指利用前段基坑开挖监测到的岩土及结构体变位、行为等大量信息,通过与勘察、设计进行比较与分析,在判断前段设计与施工合理性的基础上,反馈分析与修正岩土力学参数,预测后续工程可能出现的新行为与新动态,进行施工设计与施工组织再优化,以及后续开挖方案、方法、施工,排除险情。基坑信息化施工流程如图7-1所示。

　　在工程实践中应大力发展信息化施工技术,采用理论导向、量测定量和经验判断三者相结合的方法,针对基坑施工现场实际情况及周围环境保护问题随机应变地做出合理的技术决策。

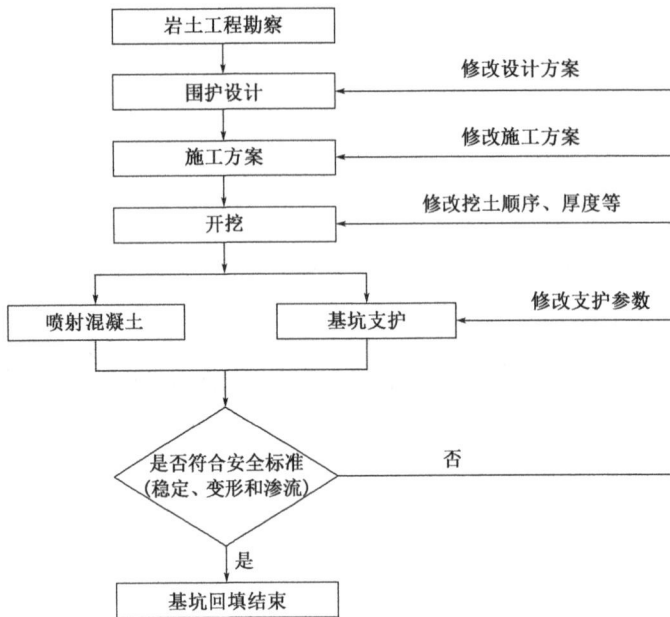

图 7-1　基坑信息化施工流程图

7.1　深基坑工程信息化施工的必要性

7.1.1　深基坑工程难点

由于岩土工程本身的复杂性,针对支护结构的内力和变形、基坑的稳定性、施工对周围建筑物和地下管线的影响开展的计算分析,尚不能准确地得出定量的结果[2]。在工程计算中,土体的力学性质很难得到全面反映,如软黏土具有蠕变、松弛、流动和长期强度等流变特性,所以有关地基的稳定及变形的理论,在解决实际工程问题时仍然有很大的局限性。在工程实践中应大力发展信息化施工技术,采用理论导向、量测定量和经验判断三者相结合的方法,对基坑施工及周围环境保护问题做出较合理的技术决策和现场的应变决定。

基坑工程的设计广义上包括勘察、支护结构设计、施工、监测和周围环境的保护等内容。与其他基础工程相比,基坑工程设计和施工更加相互依赖、密不可分,施工的每一个阶段,结构体系和外部荷载都在变化,而且施工工艺的变化、挖土次序和位置的变化、支撑和留土时间的变化等均非常复杂,且都对最后的结果有直接影响。然而,在工程设计中计算简图的选取比较理想化,难以考虑施工顺序以及施工过程中的不确定因素,导致理论计算和实测数据差距较大。

7.1.2　深基坑工程监测技术发展

基坑工程事故主要表现为支护结构大位移与破坏,基坑塌方及大面积滑坡,基坑周围道路开裂与塌陷,相邻地下设施变位与破坏,邻近建筑物开裂与倒塌,给国民经济与人民生命财产造成重大损失。统计分析发现,任何一起基坑事故几乎都与监测不力或险情预报不准直接有关[3]。

由于岩土工程的复杂性及其工程性质研究的滞后性,目前我国的基坑支护结构设计理论尚不成熟,设计中仍采用半理论半经验的方法,而实际工程就是进行研究的最佳原形试验场,在试验室中无法考虑的诸多可变因素,到实际工程中均得到了充分的反映。20 世纪 90 年代初以来,上海的城市基础设施和高层建筑地下室的大规模建设,使得工程技术人员对现场监测的重要性有了更深刻的认识[4]。经过十多年的城市建设实践,包括积累的经验和取得的教训,人们认识到监测已经成为工程建设所必须采取的措施。随着润扬长江大桥北锚碇和阳逻长江大桥南锚碇的建设,国内对于超深开挖嵌岩支护结构的设计施工以及监测技术又有了一个历史性的飞跃[5]。

7.2　监测方案与信息采集

7.2.1　深基坑工程监测的目的和意义

经过多年的实践,在岩土工程尤其是深基坑工程中实施监测,不仅已成为城市建设和管理部门强制性指令措施,也日益被业主、设计、监理、施工、科研等工程实施的相关单位认同。概括而言,通过监测工作,可以达到以下目的。

(1)及时发现不稳定因素

由于土体成分和结构的不均匀性、各向异性及不连续性决定了土体力学性质的复杂性,加上自然环境因素的不可控影响,人们在认识上尚有一定的局限性,必须借助监测手段进行必要的补充,以便及时采取补救措施,确保基坑稳定安全,减少和避免不必要的损失。

(2)验证设计、指导施工

客观地说,目前深基坑工程的设计尚处于半理论半经验的状态,通过监测可以了解周边土体的实际变形和应力分布,用于验证设计与实际符合程度,通过监测掌握周边建筑物和管线的变化趋势,并根据基坑变形和应力分布情况为施工步骤的实施、施工工艺的采用提供有价值的指导性意见。

(3)保障业主及相关社会利益

在城市施工中,通过对周边建筑物、地下管线监测数据的分析,调整施工参数、施工工序、重车进出及停靠位置,确保建筑物和地下管线的正常运行,有利于保障业主及相关社会利益。

（4）分析区域性施工特征

通过对围护结构、周边建筑物和周边地下管线等监测数据的分析、整理和再分析，了解各监测对象的实际变形情况及施工对周边环境影响程度，分析区域性施工特征，为类似工程累积宝贵经验。现场监测的实施也是一次1:1的实体实验，所取得的可靠数据是基坑自身和周边土体在施工过程中的真实反映，这对于基坑工程设计水平的提高和进步大有裨益。

7.2.2 深基坑工程监测方案原则

（1）系统性原则

①所设计的各监测项目能有机结合，并形成整体，测试的数据能相互进行校核和验证。

②运用、发挥系统功效对基坑进行全方位、立体监测，确保所测数据的系统性。

③在施工工程中进行连续监测，确保数据的连续性、完整性和系统性。做好施工阶段监测和永久运行监测工作的协调，保持必要的连贯性、延续性。

④利用系统功效统筹工程经济与工程安全、邻近建（构）筑物、周边环境的关系。

（2）可靠性原则

①设计中采用的监测手段是已基本成熟的方法。

②监测中使用的监测仪器、元件均通过专业计量标定且在有效期内。

③对布设的测点进行有效的保护设计。

（3）与设计相结合原则

①对设计中使用的关键参数进行监测，以便达到在施工过程中进一步优化设计的目的。

②对设计评审中有争议的工艺和原理所涉及的部位进行监测，作为反演分析的依据。

③依据设计计算情况和基坑工程的基本特征，确定围护体、支撑结构的报警值。

（4）关键部位优先、兼顾全面的原则

①对围护体、支撑体系中相对敏感的区域加密测点数和项目，进行重点监测。

②对岩土勘察工程中揭示的地质变化起伏较大位置、施工过程中有异常的部位进行重点监测。

③除关键部位优先布设测点外，在系统性的基础上均匀布设监测点。

（5）与施工相结合原则

①结合施工实际调整监测点的布设方法和位置，尽量减少对施工工序的影响。

②结合施工调整测试方法、监测元件及监测点的保护措施。

③结合施工进度和施工条件确定和调整监测时间、监测频率。

（6）经济合理原则

①监测方法的选择，在安全、可靠的前提下结合工程经验尽可能采用直观、简单、有效的方法。

②监测点的数量，在确保系统全面、安全的前提下，合理利用监测点之间的联系，尽量减少测点数量，提高工效，降低成本。

7.2.3　监测数据信息采集的技术保障措施

（1）测试方法

①在具体测试中固定测试人员，以尽可能减少人为误差；

②在具体测试中固定测试仪器，以尽可能减少仪器本身的系统误差；

③在具体测试中固定时间，按基本相同的路线，以减少气压、温度、湿度造成的误差；

④在具体测试中用相同的测试方法进行测试，以减少不同方法间的系统误差。

（2）测试仪器

①测试仪器在投入使用以前，均应由法定计量单位进行校验，经检验合格并在有效期内方可使用；

②在每天的测试之前均应对所使用的仪器进行自检，并详细记录自检情况，使用完毕后记录仪器运转情况；

③使用过程中若发生仪器异常的情况，除立即对仪器进行维修或调换外，同时对该仪器当天测试的数据进行重新测试。

（3）监测元件

①各类监测元件均应有详细的出厂标定记录并得到法定计量单位的认可，有效期应满足工程需要；

②各类监测元件在埋设前均应再次进行测试，经检验合格方可进行埋设，埋设完成以后立即检查元件工作是否正常，如有异常应立即重新埋设。

（4）监测点保护

①对测量工作中使用的基准点、工作点、监测点用醒目标志进行标识的同时，对现场作业的工人进行宣传，尽量避免人为沉降和偏移，对变化异常的测点除进行复测外，若发现已遭破坏，应立即重新埋设；

②在后续施工构件制作过程中，应对埋设监测元件的部位进行巡视；

③在施工过程中，对布设有监测元件的部位用醒目标志进行标识。

（5）数据处理

①使用论证通过的专业软件对数据进行处理；

②数据处理以后汇成的报告必须经过专项测试人员自检，现场测试负责校核，各项测试人员互检后，方可盖章送出；

③测试数据发生异常后，应及时与项目审核人、审定人联系，共同协商解决。

针对兰花湖停车场基坑的复杂地质条件，为保证预应力锚索桩中的锚索有效预应力满足要求，采用在锚索锚垫板下方安置锚索测力计并通过云监测平台对其预应力进行监测。

结合地勘资料、相关设计文件及本项目的特点，在回填土较厚的6A、10A、11A断面各选择一根桩（6A-10，10A-8，11A-1）作为研究对象，每根桩选择三排预应力锚索作为监测点进行长期、实时监测。因11A-1第三排测点未能及时安装，故将该监测点左移到10A-9第七排锚索，与同一高度的10A-8第六排锚索进行对比，监测点具体布置如图7-2、图7-3所示。

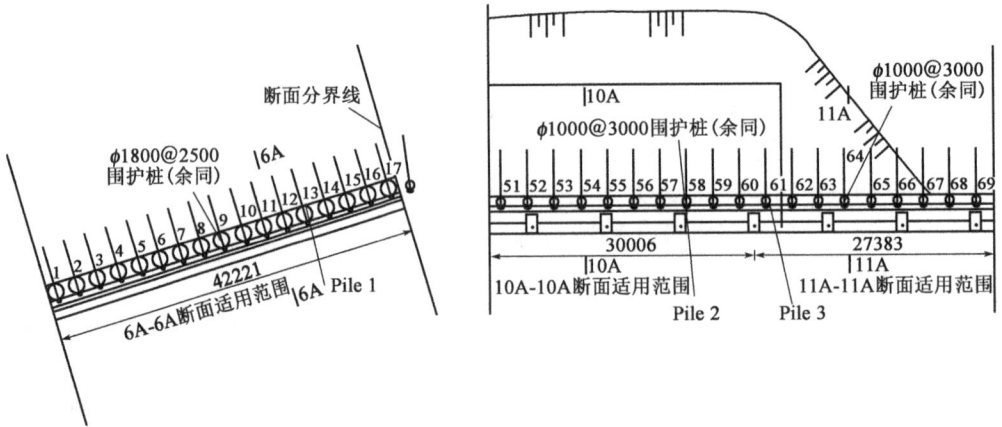

图 7-2　锚索监测点所在桩体选择及编号(尺寸单位:mm)

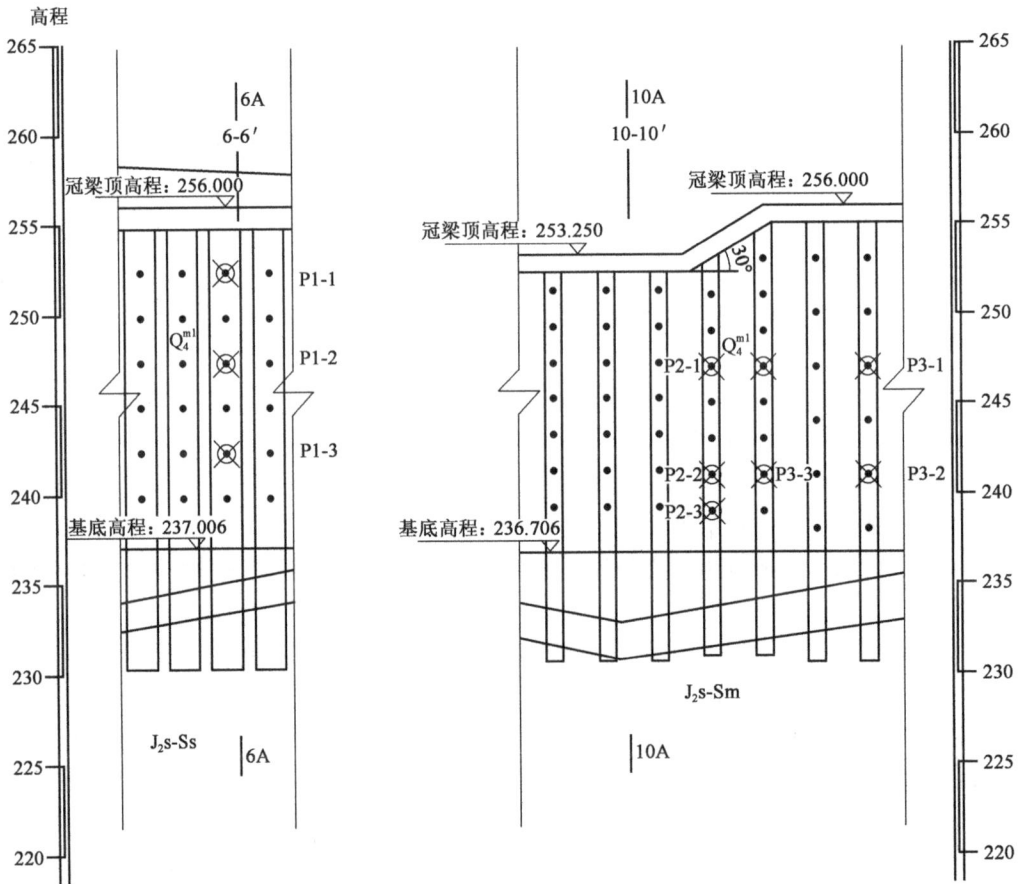

图 7-3　锚索监测点立面布置图及编号(高程单位:m)

118

物联网云监测平台主要由数据采集、数据传输、系统总控制、数据处理和数据分析等部分组成。锚索自动化监测系统主要通过振弦式传感器实施,然后通过光纤连接 MCU-32 型分布式模块化自动测量单元,最后通过光缆、通用分组无线服务技术(GPRS)、传输控制协议(TCP)、网桥或者数据电台将数据传输到云平台进行数据处理及实时监测。监测采集模块和监测系统如图 7-4 ~ 图 7-7 所示。

图 7-4　锚索测力计

图 7-5　锚索测力计自动采集箱

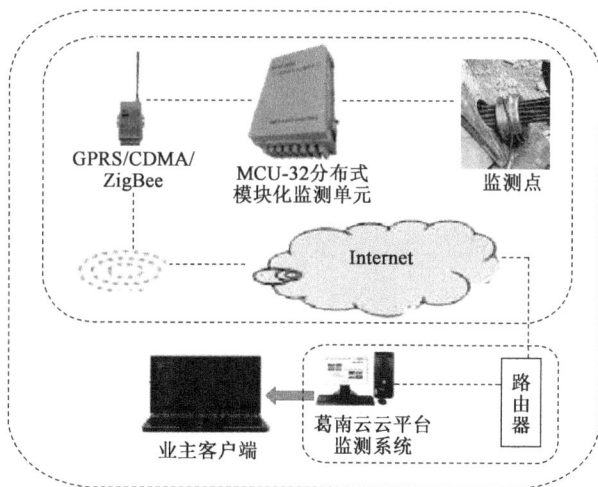

图 7-6　自动化监测系统示意图

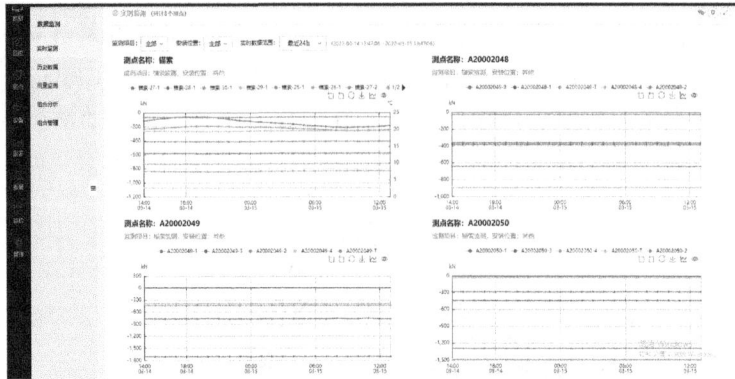

图7-7　监测软件显示界面

7.3　锚索张拉锚固过程中监测数据分析

兰花湖项目预应力锚索桩中锚索均为多孔锚索,其中15孔锚索居多。由于大量程千斤顶体型庞大、质量大,不方便移动,锚索均采用单根张拉。

施工至P2-1、P3-1位置(图7-3)时进行第一次监测。其中,P2-1位置处锚索为15ϕ^s15.2,设计荷载为1417kN、锁定荷载为1110kN,锚孔直径为170mm;P3-1位置处锚索为15ϕ^s15.2,设计荷载为1486kN、锁定荷载为1150kN,锚孔直径为170mm。

张拉结束后,P2-1位置处锚索锁定力值为566.7142kN,P3-1位置处锚索锁定力值为300.0875kN,严重低于锁定荷载。按要求应及时进行补张拉,但因初次进场,与施工班组交接不到位,导致在张拉结束后,施工班组即将外露钢绞线切割封锚,故未能进行补张拉。

施工至P1-1处锚索时进行第二次监测。P1-1位置处锚索为18ϕ^s15.2,设计荷载为1790kN、锁定荷载为1379kN,锚孔直径为170mm。在该处锚索张拉过程中对其进行实时监测,并及时调整张拉力值,最终锁定荷载为1348kN,满足设计要求。

7.4　锚索预应力张拉锚固不足原因分析

不分荷载级,即只以单根控制荷载P/n张拉一轮即达到最终锚固力,则每根钢绞线只张拉、锁定一次。

单根钢绞线张拉力值与该束锚索的总设计力值关系如式(7-1)所示:

$$P^s = \frac{P}{n} \tag{7-1}$$

锚索张拉过程中,在其钢绞线张拉至第1根、第5根、第10根,张拉结束时进行锚索力值监测,监测数据见表7-1。在锚索监测过程中发现,按式(7-1)计算力值作为单根锚索张拉控制力值时,随着张拉的进行,锚索锁定力值并非按比例增长,并且相差较大。

锚索张拉过程中监测数据　　　表 7-1

编号	完成锁定钢绞线根数	力值(kN)	编号	完成锁定钢绞线根数	力值(kN)
P2-2	1	65.2601	P3-2	1	65.2601
	5	283.6108		5	283.6108
	10	457.7303		10	457.7303
	补张拉调整力值			补张拉调整力值	

注:表中数据为相同力值张拉一次的结果,施工时发现力值不满足,及时调整力值进行了补张拉。

由表 7-1 可知,随着钢绞线张拉数量的增多,单根钢绞线的力值逐渐降低。造成该预应力损失的原因是后张拉钢绞线引起岩土发生压缩变形,导致已张拉钢绞线拉伸长度变短,从而造成预应力损失。在张拉荷载作用下锚固段范围的砂浆及周围岩体的剪切变位很小,因而钢绞线的伸长变形主要来自锚索自由段的线弹性伸长。锚墩下部基床岩土体在锚墩传递的锚固压应力未达到地基塑性破坏强度之前(在锚墩尺寸设计中必须考虑避免发生此类承载力破坏),可认为压力与锚墩的瞬时沉陷大致呈线弹性关系(Winkler 地基)。以地基基床系数 K(kPa/m)表示压应力 p 与沉陷量 S 的比值:

$$K = p/S \tag{7-2}$$

设单根钢绞线截面积为 A,拉伸弹性模量为 E,锚索自由段长度为 l,锚墩边长为 b;墩下岩土体的基床系数为 K。

如表 7-2 所示,在不分荷载级,只以单根控制荷载即式(7-1)计算力值进行一轮张拉锚固情况下,以 $p_{i,j-i+1}$ 表示第 i 根钢绞线在第 j 根钢绞线张拉完毕时的预应力($1 \leq i \leq j \leq n$)。

张拉过程中钢绞线预应力表示形式　　　表 7-2

张拉过程	第1根	第2根	第3根	第4根	……	第 n 根
张拉第 1 根完毕时	$p_{1,1}$	0	0	0	……	0
张拉第 2 根完毕时	$p_{1,2}$	$p_{2,1}$	0	0	……	0
张拉第 3 根完毕时	$p_{1,3}$	$p_{2,2}$	$p_{3,1}$	0	……	0
张拉第 4 根完毕时	$p_{1,4}$	$p_{2,3}$	$p_{3,2}$	$p_{4,1}$	……	0
……	……	……	……	……	……	……
张拉第 n 根完毕时	$p_{1,n}$	$p_{2,n-1}$	$p_{3,n-2}$	$p_{3,n-3}$	……	$p_{n,n-3}$

当 $i=j$ 时(第 i 根钢绞线在自身张拉完毕时自身的预应力):

$$p_{i,j-i+1} = p_{i,1} = \frac{P}{n} \tag{7-3}$$

当第 j 根钢绞线张拉完毕时,记锚墩的沉陷量为 ω_j(最初未张拉状态为 0),则第 j 根钢绞线张拉导致的内锚端沉陷量差为:

$$\Delta\omega_j = \omega_{j+1} - \omega_j \tag{7-4}$$

则锚墩沉陷值与已张拉钢绞线预应力之和的关系为:

$$\omega_j = \frac{1}{b^2 K} \sum_{i=1}^{j} p_{i,j-i+1} \qquad (1 \leq j \leq n-1) \tag{7-5}$$

第 j 根钢绞线的张拉锚固引起的第 i 根钢绞线预应力损失为：

$$\Delta p_{i,j-i+1} = p_{i,j-i+1} - p_{i,j-i+2} \qquad (1 \leqslant i \leqslant j \leqslant n-1) \tag{7-6}$$

由钢绞线的拉伸变形,钢绞线的逐次预应力损失与锚墩逐次沉陷量差之间的关系为：

$$\Delta p_{i,j-i+1} = \frac{\Delta \omega_j EA}{l} \qquad (1 \leqslant i \leqslant j \leqslant n-1) \tag{7-7}$$

由式(7-7)可知,在同一根钢绞线 j 张拉前后,已锁定各根钢绞线的预应力损失相同。

联立式(7-4)~式(7-7),可求得各根钢绞线在后续钢绞线逐次张拉前后的预应力差,及对应各时刻的预应力分别为：

$$\Delta p_{i,j-i+1} = \frac{EA}{jEA + b^2 Kl} p_{j+1,1} \qquad (1 \leqslant i \leqslant j \leqslant n-1) \tag{7-8}$$

$$p_{i,j-i+1} = \left(1 - \sum_{m=i}^{j-1} \frac{EA}{mEA + b^2 Kl}\right) p_{j+1,1} \qquad (1 \leqslant i \leqslant j \leqslant n-1) \tag{7-9}$$

当钢绞线都完成一次逐根张拉后,各钢绞线的预应力是不等的,分别为：

$$\begin{cases} p_{i,n-i+1} = \frac{P}{n}\left(1 - \sum_{m=i}^{n-1} \frac{EA}{mEA + b^2 Kl}\right) & (1 \leqslant i \leqslant n-1) \\ p_{n,1} = P/n & (i = n) \end{cases} \tag{7-10}$$

在逐根张拉期间,锚索在各时期的预应力为该时刻已张拉钢绞线的预应力之和：

$$P'_j = \sum_{i=1}^{j} p_{i,j-i+1} = \left(j - \sum_{m=1}^{j-1} \frac{mEA}{mEA + b^2 Kl}\right) p_{j+1,1} \tag{7-11}$$

由式(7-11)进一步可得,当各根钢绞线都顺序完成逐根张拉后,整根锚索的预应力为全部 n 根钢绞线的预应力之和：

$$P' = \sum_{i=1}^{n} p_{i,n-i+1} = \frac{P}{n}\left(n - \sum_{m=1}^{n-1} \frac{mEA}{mEA + b^2 Kl}\right) \tag{7-12}$$

将上式通过变形可得出,张拉锚固至第 j 根钢绞线时,锚索总的预应力与单根钢绞线张拉锁定力值的关系为：

$$\beta = \frac{P'_j}{P^s} = j - \sum_{m=1}^{j-1} \frac{mEA}{mEA + b^2 Kl} \tag{7-13}$$

分析表7-1数据,因所采用的单根张拉力值不一致,故第一根的单根张拉锁定值存在差异。将第一根钢绞线张拉锁定力值作为单根张拉锁定力值。由勘察设计文件可得:基床系数 $K = 200MPa/m$；钢绞线拉伸弹性模量取 $195GPa$；单根钢绞线截面积 A 为 $140mm^2$, b 为 $0.6m$, P_{2-2} 锚索自由段长度为 $14.623m$；P_{3-2} 锚索自由段长度为 $14.424m$。将以上数据代入式(7-12), 得到张拉完成第 j 根钢绞线时的锚索总预应力与单根张拉锁定力值关系并列入表7-3。

张拉完成第 j 根钢绞线时的锚索总预应力与单根张拉锁定力值关系   表7-3

P_{2-2}		P_{3-2}	
张拉根数	β	张拉根数	β
1	1.000	1	1.000
2	1.975	2	1.974
3	2.925	3	2.924

P_{2-2}		P_{3-2}	
张拉根数	β	张拉根数	β
4	3.853	4	3.851
5	4.759	5	4.756
6	5.645	6	5.640
7	6.510	7	6.504
8	7.35	8	7.348
9	8.184	9	8.175
10	8.995	10	8.983
11	9.789	11	9.775
12	10.567	12	10.551
13	11.330	13	11.311
14	12.078	14	12.056
15	12.812	15	12.787

用表7-1实测数据计算张拉完成第j根钢绞线时的锚索总预应力与单根张拉锁定力值关系(表7-4)。

张拉完成第j根钢绞线时的锚索总预应力与单根张拉锁定力值实测数据关系 表7-4

P_{2-2}		P_{3-2}	
张拉根数	$\beta_{实}$	张拉根数	$\beta_{实}$
1	1	1	1
5	4.345853	5	3.798165
10	7.013938	10	7.127523
补张拉调整力值		补张拉调整力值	

对比表7-3与表7-4数据,变化趋势相同,数据相差较小。因此,锚索预应力损失率与地基基床系数、锚墩尺寸、锚索自由段长度及内含钢绞线根数n(逐根张拉次数)均有关。K、b、l越大,锚索预应力损失率越小。

7.5 锚索张拉锚固完成后预应力监测数据分析

部分锚索张拉完成24h内预应力损失情况见表7-5。由监控数据可知,在最开始24h内,锚索都存在预应力损失,且部分锚索在最开始24h内的预应力损失量最高可达8.1%。锚索张拉完成24h以后,其监测数据变化速率逐渐变小,且受到温度、降水、开挖进度等影响,其数据呈现高频低幅变化(图7-8、图7-9)。

部分测点张拉 24h 内预应力损失情况　　　　表 7-5

编号	张拉结束时间	张拉有效力值	初 1h 有效预应力	初 12h 有效预应力	初 24h 有效预应力	现存有效预应力	初 1h 损失量	初 12h 损失量	初 24h 损失量
P_{1-1}	2021/5/16 17:35:00	1372.5531	1336.02884	1308.1156	断电	1243.578	−2.66%	−4.69%	—
P_{2-1}	2021/3/09 17:50	566.7142	560.7979	545.5021	542.8085	608.1283	−1.04%	−3.74%	−4.22%
P_{3-1}	2021/3/09 19:30	309.1968	304.7785	293.5808	289.7419	322.4053	−1.43%	−5.05%	−6.29%
P_{3-2}	2021/6/21 19:00	986.565	951.356	918.9284	进行补张拉	—	−3.57%	−6.86%	—
	2021/6/22 9:45	1107.272	1068.71	1026.75	1017.53	1007.64	−3.48%	−7.27%	−8.10%

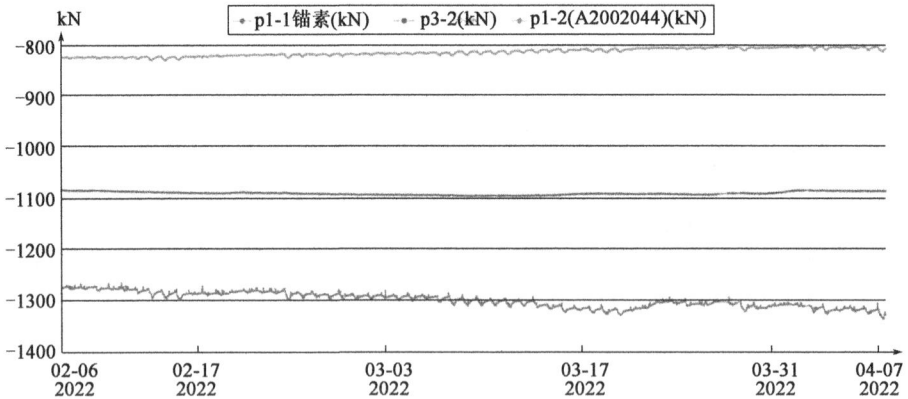

图 7-8　部分测点近两个月数据

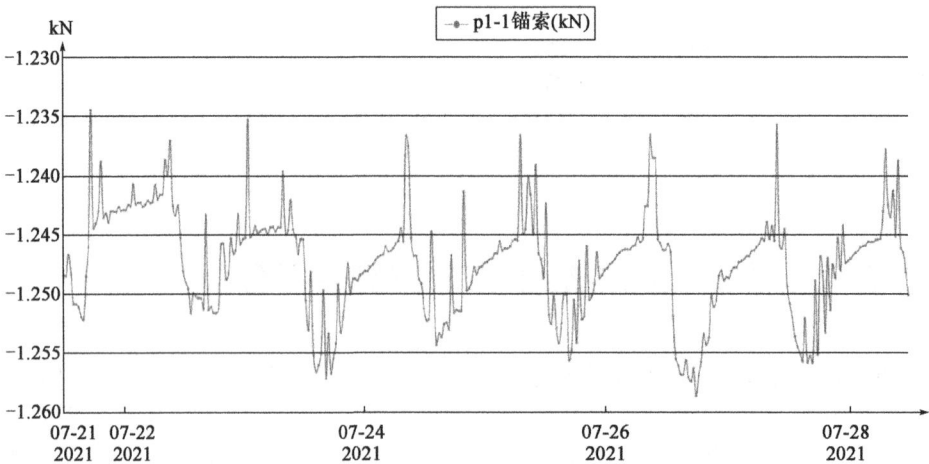

图 7-9　P_{1-1} 锚索某一周内的变化趋势图

本章参考文献

［1］ 杨传宽.深基坑变形监控与信息化施工研究［D］.焦作:河南理工大学,2010.

［2］ 王卫东,丁文其,杨秀仁,等.基坑工程与地下工程——高效节能、环境低影响及可持续发展新技术［J］.土木工程学报,2020,53(7):78-98.

［3］ 董文宝.某深基坑监测及变形预测模型研究［D］.武汉:武汉理工大学,2013.

［4］ 姜捷.恒隆广场深基坑基础工程施工技术研究［D］.上海:同济大学,2007.

［5］ 徐建.倾斜岩面圆形锚碇基坑嵌岩支护结构受力及变形特性研究［D］.镇江:江苏科技大学,2018.

第 8 章
CHAPTER 8

基于监测数据的回填土
深基坑分级预警研究

为了提高深基坑施工的安全性和稳定性,需要结合工程项目的实际情况和建设要求,构建专业化、科学化以及标准化的深基坑施工安全监控及风险预警系统。在深基坑施工安全监控及风险预警系统中,工作流程主要针对深基坑施工中的基坑本体进行监测,收集相关数据,做好以数据为基础的安全评价与风险预测工作,采用现代化技术和手段对其进行分析,并对深基坑施工状态进行评估,一旦发现异常情况,能够及时对其进行预警,降低施工风险。在开展深基坑施工工作过程中,应对其安全监控以及风险预警系统的内容进行分析,并结合实际情况对现场层级、专业层级以及专家层级等 3 个不同方面的内容进行优化和设计。

首先,对于深基坑施工安全监控及风险预警系统的现场层级,主要是做好深基坑监测数据与施工状况信息的采集工作以及安全风险预警信息的执行和反馈工作,并就工程的日常巡视信息进行上传与分析。其次,对于深基坑施工安全监控及风险预警系统的专业层级,需要做好深基坑施工中数据的实施处理与分析工作,根据深基坑施工的要求,做好数值模拟计算,并出具对应的安全评估报告。在此过程中,应当对深基坑施工中的风险点预警级别进行审核和复核,并制定出对应的安全风险处置预案。最后,对于深基坑施工安全监控及风险预警系统的专家层级,要定期做好深基坑施工工程安全信息的分析工作和阶段性的评估工作,并就实际情况作出专家评估意见,进一步提高施工效率。

由于基坑变形是逐步发展的,大多数数据统计结果也表明深基坑的结构变形比是呈现正态概率分布的。当变形比在 0.3% 以内时,基坑工程占比超过 50%,施工正常。在变形比 0.5% 以内时,基坑工程占比 90%,施工也正常。个别达到 0.7% 的变形比也没有出现大的问题[1]。这充分说明当前国家基坑规范采取一次性报警方式不适合工程实践需要,试行分级预警报警势在必行,但仍然需要做策略上的探讨和方案的落实。

8.1 基本原理

监控报警值的确定是一个十分严肃、复杂的课题,其受到多种因素的影响,但对于基坑工程和周边环境的安全监控意义重大。目前,工程中主要有三种确定方法:①工程经验类比;②设计计算结果;③相关规范标准的规定值以及有关部门的规定。这三种方法各具特点:工程经验类比完全依赖于个人经验,报警值质量与经验的丰富程度有着直接关系;设计计算结果具有相对独立性,但其结果与计算参数的选取有很大的关系,不提倡以计算结果单独确定报警值,建议与其他方法结合使用;规范规定值也是工程经验的反映,具有归纳和总结的特性,但工程应用中却表现出极大的盲目性,不能灵活应用,这也是很多工程照搬规范制定报警值,却未能取得良好监控效果的原因。

基坑工程预警就是当某个监测参数的物理量达到或超过预警控制值,提醒工作人员基坑工程处于预先设定的警戒状态,需要给予密切关注,采取相应措施。基坑工程报警就是当某个监测参数的物理量继续增加,达到或超过报警控制值,提醒工作人员基坑工程已经处于预先设定的风险程度比较高的状态,需要给予密切监测监控,并且进一步采取相应必要防控措施,防止出现重大工程事故。基坑工程红色报警就是当某个监测参数的物理量达到或超过红色报警控制值时,需要给予立即停工处置,提醒人们基坑工程已经处于预先设定的风险程度极高、逼近基坑破坏的状态,并且进一步采取相应必要加固措施。基坑工程临界状态值就是当某个监测参数的物理量超过红色报警值后继续变化,一旦达到或超过临界状态值,提醒工作人员基坑工程已经处于破坏边缘状态,要求划分安全区域进行全面封锁警戒。

(1)当前报警状况

由于目前规范报警值设置不合理,难免产生因支护结构合理变化而出现的超过预警值现象,但是频繁报警将导致工期延期等。如果停工进行加固处理,不仅耽搁基坑施工进度,还产生误工损失,增加投入成本。

超过报警值的基坑工程不一定就破坏,不超过报警值的基坑工程也不一定就不破坏。除了报警值本身存在一定的瑕疵,还因为影响因素较多,某些因素耦合导致基坑破坏。然而,实践表明报警值如何确定是个非常困难的事情。因为基坑工程具有很强的个性、区域性。目前诸多研究认可的特征变形是日最大累计变形与日最大变形速率、历史最大累计变形与历史最大变形速率,认为日最大累计变形与日最大变形速率可反映基坑状态的发展变化,揭示基坑施工过程中的变形特征,历史最大累计变形与历史最大变形速率反映了基坑或周边环境的总体变形情况,可用于支护结构变形控制值的确定。

(2)重点研究内容

超过现行规范控制值报警后大多数没有发生险情或特别异常现象,而后又不知道什么时候发生风险,工程又不能停工等待,只能冒着风险继续施工。因此,基于基坑监测基础上的预警等级研究具有重要意义。目前,已有许多学者开展了基坑预警研究,如周诚等[2]利用无人机巡逻和监控,进行基坑施工信息的采集,并利用后台系统进行预警分析和响应,实现了施工现场的自动化预警,节约了管理成本;王乾坤等[3]、韦猛等[4]在基坑安全预警信息源筛选的基础上,利用 T-S 神经网络构建了基坑预警模型,有效实现了警情位置及类型预测,具有较强的适用性和可行性;郑帅等[5]利用支持向量机构建了锚索拉力的预测模型,通过其滚动预测,实现了基坑潜在警情的超前预警,合理指导了现场施工。上述研究取得了一定成果,验证了基坑预警研究的必要性和意义,但也存在一定不足,如无人机预警虽较为简便,但常态化运营成本相对较高,且具有一定的不确定性;预警模型的构建指标相对较为单一,缺乏全面性和系统性。鉴于上述不足,仍有必要进一步开展基坑预警研究。

本章以支护结构水平变形为主要研究对象,确定分级预警报警,确认红色报警控制值作为征兆。预警报警控制参数包括两个物理参量:一是绝对值大小,二是变化率。前者反映了变形变化趋势、逐步接近破坏极限的程度,后者反映了是否具有突变现象、偶然因素的叠加影响。

8.2 预警报警控制策略研究

在深基坑监测中,每一监测项目都是由设计单位根据现场的客观环境,在设计计算后,基坑施工前根据经验提出监测项目的报警标准,以此来预测基坑支护结构的内力与变形,进一步判断基坑施工是否安全可靠,整个基坑的力学状态是否受控,是否需要对设计方案和施工方案做出调整和优化;所以基坑监测报警标准的确定对于基坑施工具有先导性,有着至关重要的作用。

基坑工程监测报警值属于经验数据,通常基坑工程监测报警值由基坑工程设计方根据基坑工程设计的限值、地下主体结构设计要求以及监测对象的控制要求来确定。基坑工程监测报警值十分复杂,不但与基坑类别、支护形式有关,还与所处的地质条件密切相关。规范提供的监测报警值是一个取值范围,尚需通过对基坑支护主要形式的调研开展专题研究,搜集工程技术信息,进一步深入研究不同地质条件下各种支护形式的监测报警值。基坑设计方通常以监测项目的累计变化量和变化速率值两个值控制基坑工程监测报警值,检测项目有墙(坡)顶水平位移、墙(坡)顶竖向位移、围护墙深层水平位移、立柱竖向位移、基坑周边地表竖向位移、坑底回弹、支撑内力、墙体内力、锚索拉力、土压力、孔隙水压力。刘建航和侯学渊[6]提出,报警标准的设定是以有关地区的某些部门的经验标准及有关专家的建议来参考的。

8.2.1 当前的报警实践和研究情况

(1)Ⅰ级报警情况

当前基坑设计和监测规范采用的Ⅰ级报警机制,已经有专家学者注意到其存在的不足,正在研究采取完善、改进的方法。例如,刘建航、侯学渊[6]根据多年来的实践,提出挡土墙身水平位移的最大位移值一般取 80mm、速率 10mm/d。对于周边存在需要严格保护的建筑物的深基坑,需要根据保护对象的要求再调整、确定。贺勇[7]根据实践经验,在广泛收集大量监测资料基础上,推荐基坑安全的临界预警值为支护结构顶水平变形量 $0.6\%H$,支护结构顶水平位移的速率 4mm/d,结构顶最大沉降量为 $0.7\%H$。此外,还要求支护结构之间差异沉降超过

20mm,冠梁出现裂缝,基坑出现渗漏或管涌,临近管线局部下沉超过30mm,实测应力达到规范允许值。

（2）Ⅱ级预警报警情况

上海基坑监测规范有两个限值:一个是监控值,一个是设计值。从一级基坑工程看,上海监测规范控制值与国家规范控制值相同,而设计控制值大于监测监控值,说明设计控制值是最大允许值,而监控值是个预警值,预警只是提醒基坑工程已经处于向设计预定极限状态接近。王蓉[8]提出了二级预警、报警模式,达到预警值对应黄色预警,达到报警值为红色报警,首次提出了红色报警的概念。

（3）Ⅲ级预警报警

地铁轨道交通行业深基坑连续挡墙采用Ⅲ级制。主要考虑因素为结构类型、结构受力、施工工艺、环境条件等。例如,沈阳市提出临界值概念,变形监测值超过临界值,则进入红色危险区域;变形监测值小于临界值但大于警戒值,则进入黄色隐患区域;小于警戒值则表示处于绿色正常区域。其关键是临界值的内涵,距离破坏状态还有多大变形。

徐耀德等[9]分析了影响城市轨道交通工程监测控制指标确定和预警的因素,对工程监测预警进行了分类（监测数据预警、监测综合预警和工程监测预警）和分级（黄色、橙色和红色）,并研究建立了预警的信息上报、发布、响应处置、消警及其分级管理体系。龚晓南、高有潮等[10]提出了三级预警方案。将最大值水平位移变形比 $F = X_{max}/H$ 作为预警指标,划分了安全范围、注意预警和危险预警的判断标准（表8-1）。

注意预警和危险预警的判断预警   表8-1

判断标准	安全范围	注意预警	危险预警
基坑邻近无建筑物、管线	$F = 0.4$	$F = 0.4 \sim 1.2$	$F = 1.2$
有建筑物、管线	$F = 0.2$	$F = 0.2 \sim 0.7$	$F = 0.7$

（4）Ⅳ级预警报警情况研究

目前,深基坑工程进行Ⅳ级预警的做法较少,但在其他领域应用较多。比如国家地质灾害防控应急方案提出了四级防控。按照未来24h内,地质灾害发生的可能性大小,地质灾害预警分为如下五级,划分形式与严重程度见表8-2。新版气象灾害预警信号,总体上分为蓝色、黄色、橙色和红色四个等级（Ⅳ级、Ⅲ级、Ⅱ级、Ⅰ级）,分别代表一般、较重、严重和特别严重等风险程度。

地质灾害预警表   表8-2

风险等级	发生概率	后果	应急措施
一级	很小	轻	—
二级	较小	一般（蓝）	—
三级	较大	较重（黄）	监测人员和威胁住户注意
四级	大	严重（橙）	预报阶段,停止外业,各岗位人员到岗待命
五级	很大	特别严重（红）	警报阶段,无条件紧急疏散,密切观测

《地铁及地下工程建设风险管理指南》[11]给出了风险评估矩阵方法,如表8-3所示,将预警划分五个等级,进行连续监控,采取不同措施。

基坑工程风险接受准则 表8-3

风险等级	风险控制等级	接受准则	应急措施	应对部门
一级	Ⅰ级	可忽略的	日常管理审视	工程建设参与方
二级	Ⅱ级	可容许的	需要注意,加强日常管理	
三级	Ⅲ级	可接受的	引起重视,需防范、监控措施	
四级	Ⅳ级	不可接受的	需要决策、制定控制、预警措施	政府部门及工程建设参与方
五级	Ⅴ级	拒绝的	立即停止施工,整改、规避或启动应急预案	

孙华芬[12]研究采取的类似地质灾害防控的四级制,与《中华人民共和国突发事件应对法》[13]相适应,值得借鉴。该法令规定可以预警的突发事件,依照事发的紧急程度、发展态势和危害程度,划分四级,最高级为红色。

红色报警是个重大决策问题,因为一旦停工停产,疏散人员,影响很大,投入加大,需要综合考虑各个方面的因素。对于深基坑工程来讲,如果采用四级制,在红色报警之前已经经过多次预警、报警,说明支护体系已经逼近危险区域,只是不知道何时发生破坏。所以,在长期监测监控下,某个因素的突然异常应该是爆发的前兆,应该及时报警。结合其他领域和国家应急机制,深基坑工程预警报警采用四级制策略比较合适。

8.2.2 深基坑工程四级预警报警方案研究

(1)四级预警报警控制方案设想

对于深基坑工程,预警可以作为满足正常使用极限状态的一种跟踪,报警说明已经开始出现超出正常状态的现象,进入承载极限状态范畴,应引起足够的重视。将深基坑工程预警报警分为四级,方案是二次预警、二次报警,四个控制指标。监测变形物理量达到设计计算值为Ⅰ级蓝色预警、达到设计控制值为Ⅱ级黄色预警、达到国家规范规程控制值的100%~170%为Ⅲ级橙色报警,达到Ⅳ级为红色报警。具体参见表8-4。

不同基坑工程等级下预警报警四级指标建议值 表8-4

基坑类别与预警报警级别		围护结构墙体最大水平位移监控值		
		悬臂	锚拉	支撑
一级	Ⅰ级	—	设计计算值	设计计算值
	Ⅱ级	—	设计控制值	设计控制值
	Ⅲ级	基坑底面处20mm	50~65mm	50~60mm
	Ⅳ级	基坑底面处30mm	$0.0055H$	$0.005H$
二级	Ⅰ级	—	设计计算值	设计计算值
	Ⅱ级	—	设计控制值	设计控制值
	Ⅲ级	基坑底面处30mm	60~75mm	55~70mm
	Ⅳ级	基坑底面处35mm	$0.007H$	$0.006H$

续上表

基坑类别与预警报警级别		围护结构墙体最大水平位移监控值		
		悬臂	锚拉	支撑
三级	Ⅰ级	—	设计计算值	设计计算值
	Ⅱ级	—	设计控制值	设计控制值
	Ⅲ级	基坑底面处40mm	50～65mm	50～60mm
	Ⅳ级	基坑底面处50mm	0.0012H	0.009H

注：H为基坑开挖深度。

（2）预警报警控制指标与变形状态关系

工程上期望通过对照预警报警控制指标，依据所监控监测项目参数，评判基坑当前所处工作状态，为此，需先要明确变形发展阶段。根据基坑变形特性及其发展，可将基坑当前所处工作状态划分为六个阶段：稳定状态、可控状态、朝不利状况发展状态、逼近临界破坏状态、处于临界状态、破坏状态。前五个阶段对应阈值指标为设计计算值、设计控制值、橙色报警控制值、红色报警控制值和临界状态值。

红色报警对应的是逼近临界破坏状态，存在一个大概率事件，因此可以通过实测统计分析。临界状态是非常难预测预知的，但在破坏坍塌前是存在一定的征兆的。根据已发事故的征兆信息，在事故发生前应确定一个提前量，由此确定红色报警控制值，以有利于足够时间采取措施进行风险防控。不能等到马上要坍塌或看见正在坍塌即临界状态才报警，此时报警的意义不大，只起到防止扩大伤害的作用。

（3）预警报警分级指标的确定

设计计算值是设计计算中根据相关技术规范要求计算得出的结果，一般比当前国家规范控制值小，设计者可以在规范控制值与设计计算值之间确定一个合适的预警值，即设计监测控制值。设计监测报警值不仅是设计计算的重要基础，也是确定合理施工流程、保护周围环境安全的主要依据。监测项目的监测报警值应根据基坑自身的特点、监测目的、周围环境的要求，结合本地区工程经验并经过有关部门协商由设计工程师综合确定。建议分两种情况进行设计计算，来确定这两个参量：第一是研究案例，考虑当前真实条件进行设计计算，作为正常使用状态的评判依据；第二是根据规范技术要求，考虑最不利条件下的计算结果，作为设计承载极限状态下的评判依据。两种计算结果一般是设计监测控制值小于监测报警值。

Ⅲ级橙色指标系在当前国家规范控制值的基础上，参考上海市、北京市、深圳市等市规范成果，依据相应地区的实践经验，结合重庆市案例实际情况，综合确定的范围。以15m开挖深度的一级锚拉支护结构为例，相当于变形控制值由0.002H放宽到0.003H，允许设计人员根据当地经验进行适当的选择、调整，使得规范既有原则性又有一定的灵活性，更容易得到执行。

Ⅳ级红色报警控制值的确定是最难的，涉及的社会影响太大，涉及停工、应急等，需要投入比较大资金和人力，经济损失较大，因此需要专门研究。但相对于出现坍塌事故而言，防控总比抢险好，因为坍塌事故的发生造成的人员伤害、邻近建筑物、管线的破坏引发的二次灾害无法估计。

8.2.3 预警报警应急管理

应急管理措施参考表 8-5,按照警戒状态描述进行评判警戒级别,进而采取应急措施。

警戒状态描述与应急管理措施参考表 表 8-5

警戒级别	管理措施	警戒状态描述
Ⅰ级:蓝色预警	通知设计单位进行分析原因,提出意见	"双控"指标(变化量、变化速率)均达到Ⅰ级控制值时,或双控指标之一达到或超过设计控制值
Ⅱ级:黄色预警	通知监测单位增加监测频率;可以继续施工;加强挖土控制,严禁超挖,通知设计单位进行分析原因,提出意见要求;上报总监代表,要求施工准备应急材料	"双控"指标均超过Ⅱ级控制值,或双控指标之一达到或超过Ⅲ级控制值的85%时,而整体工程尚未出现不稳定迹象时
Ⅲ级:橙色报警	下达监理指令,暂停施工;继续加强监测;召开多方(施工、总监办、业主和设计)会议,分析查找原因,制定处理措施;通知施工单位按照应急预案并结合会议意见,采取相应措施;得到控制后变形稳定后,可继续施工	下达监理指令,暂停施工;继续加强监测;召开多方(施工、总监办、业主和设计)会议,分析查找原因,制定处理措施;通知施工单位按照应急预案并结合会议意见,采取相应措施;得到控制后变形稳定后,可继续施工
Ⅳ级:红色报警	监理下达停工指令;撤出人员,发出警报,放出警戒线;施工单位按照应急预案立即采取全面措施,加强管理,防止事态扩大;上报总监办、业主和设计、监督管理部门,召开紧急会议,分析原因,进一步制定处理措施	"双控"指标之一达到或超过Ⅰ级控制值时;或出现下列情况之一时:基坑地面已出现较大明显裂缝、沉陷,或支护混凝土表面出现裂缝,基坑壁已经开始连续渗流水

蓝色为Ⅰ级预警信号,是最低级别的预警,意味着监测结果达到设计计算值,应该引起设计人员注意,但对于基坑工程造成的危害可能性很小。

黄色为Ⅱ级预警信号,是较低级别的预警,意味着有部分监测结果达到规范控制值,但对于基坑工程造成的危害可能性较小;因为这个控制值是表示使用极限状态,而不是真正的结构处于极限状态。

橙色是Ⅲ级报警信号,是较高级别的报警,意味着有大部分监测结果达到规范控制值,对于基坑工程造成的危害可能性增大,按照变形过程的发展来看,还有一段变形时间灾害才会到来,所以还可以有一定的时间来采取应急措施防灾抗灾。

红色为Ⅳ级报警信号,是最高级别的报警。红色报警信号预示着灾害危害逼近,问题特别严重,必须立即采取防灾避险的措施。因为已经接近真正极限状态,或破坏状态很快就会来临,可能性很大,变形过程很快会影响周边环境,威胁周边住户、地下室施工作业人员安全。应立即进行防范处置,防止事态扩大。

8.3 红色报警控制值的确定研究

确定红色报警是个非常严肃的重大问题。目前很难从理论上提出适用于各个地区的各种情况下的围护结构变形量的控制标准和临界预警值。缘于现场试验成本太大、风险高,而理论分析、数值模拟、室内模型试验还不足以得到准确结果。因此,只能从大量实际工程的监测结果去分析总结一种可以接受的相对标准。

目前,国家监测规范一级报警要求严格,技术控制指标偏紧,没有调整余地。有些地方规范有了一定的改善,但仍然存在不能满足实际的情况。按照本章四级预警报警策略和方案,需从多个方面论证确定红色报警控制值。

根据《地下工程施工监测警戒值设定》[14]调查统计可知,地下工程支护结构绝大多数水平位移速率在13mm/d以内,位移速率最大值达到20mm/d。如果以2～3mm/d进行设计控制,大部分工程需要报警,对于不大规范工程和极不规范工程,约70%的工程很难按时完工。如果适当放宽要求,以5mm/d作为控制标准,对于规范施工工程可以减少70%的报警,对于不大规范工程和极不规范工程,分别减少约60%和30%的报警。如果以10mm/d作为控制标准,对于规范工程和不大规范施工工程几乎没有报警,对于极不规范工程还有少量需要报警。所以建议分级,如表8-6所示。

速率分级预警报警值 表8-6

等级	I级	II级	III级	IV级	临界状态
变化速率	3mm/d	5mm/d	7mm/d	10mm/d	20mm/d

根据不完全统计,上海地铁工程采用这种模式报警,2007年、2008年和2009年10月前的预警报警分别是177起、244起和90起,没有引起一起重大工程事故。此外,上海市93个地铁工程监测结果中I级和II级的最大、最小变形分别是$0.01H$和$0.0014H$,多数在$0.006H$以内[14]。徐中华等[15]通过上海的地下连续墙作为围护结构的基坑工程监测资料得到的最大水平位移平均值是$0.042H$,而低于$0.0014H$的工程很少,提出了预警分级标准,如表8-7所示。

变形分级预警报警值 表8-7

桩身变形	I级	II级	III级	IV级	临界状态
刘朝明等研究	$0.0014H$	$0.0025H$	$0.007H$	$0.01H$	$0.02H$
徐中华等研究	$0.002H$	$0.003H$	$0.007H$	$0.01H$	$0.04H$

注:H为基坑开挖深度。

8.4 工程应用

图8-1为兰花湖停车场基坑两个断面的桩体水平位监测移曲线图。两个断面的最终位移量分别达到32.46mm和30.91mm。因此,基坑北侧中部监测点超过了国家基坑规范30mm报

警控制值,需要采取一定的措施。如果按照本章表8-4分级指标,取一级基坑Ⅲ级报警控制值为55mm,则实测位移31.65mm和30.91mm、变形比分别为0.105%和0.103%,属于正常施工状态,不需要采取加固措施。

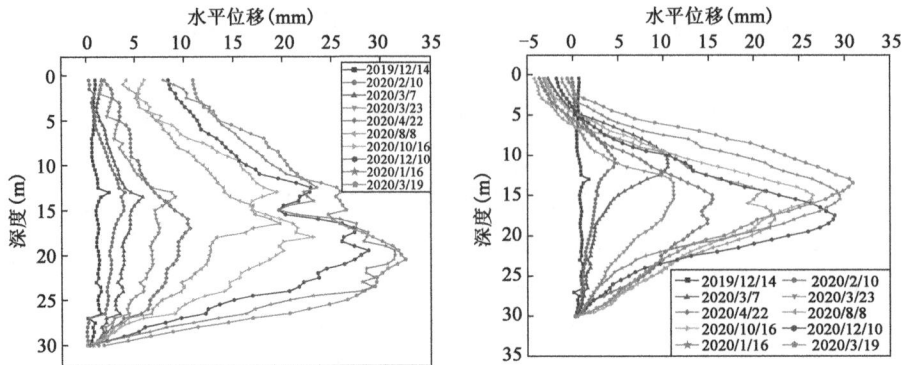

图8-1 两个断面监测数据图

本章参考文献

[1] 温平平.基坑桩锚支护结构水平变形特性及分级预警报警研究[D].南昌:南昌大学,2019.

[2] 周诚,蒋双南,林兴贵.基于无人机的深基坑施工安全风险巡视与预警研究[J].施工技术,2016,45(1):14-37.

[3] 王乾坤,年春光,杨冬,等.基于T-S模糊神经网络的地铁深基坑安全预警[J].中国安全科学学报,2018,28(8):161-167.

[4] 韦猛,吴王正,张弘.基于多信息融合的深基坑安全预警方法及应用[J].建筑结构,2019,49(A01):756-762.

[5] 郑帅,姜谙男,郑世杰,等.基于向量机方法的基坑工程预警系统研究[J].广西大学学报(自然科学版),2019,44(1):115-121.

[6] 刘建航,侯学渊.基坑工程手册[M].北京:中国建筑工业出版社,1997.

[7] 贺勇,姜晨光,崔专,等.基坑工程表观监测与安全预警问题的研究[J].勘察科学技术,2003,10(4):29-31,44.

[8] 王蓉,陈波,龙晓东,等.地下工程施工监测警戒值的设定[C].昆明:中国城市轨道交通关键技术论坛,2010.

[9] 徐耀德,金淮,吴锋波.城市轨道交通工程监测预警研究[J].城市轨道交通研究,2012,15(2):19-25.

[10] 龚晓南,高有潮.深基坑工程设计施工手册[M].北京:中国建筑工业出版社,1998.

[11] 中华人民共和国建设部.地铁及地下工程建设风险管理指南[M].北京:中国建筑工业出版社,2007.

[12] 孙华芬. 尖山磷矿边坡监测及预测预报研究[D]. 昆明: 昆明理工大学, 2014.

[13] 全国人大常委会办公厅. 中华人民共和国突发事件应对法[J]. 经济管理文摘, 2007, 28 (21): 44-48.

[14] 刘朝明. 地铁基坑安全评估研究[D]. 上海: 同济大学, 2005.

[15] 徐中华, 王卫东. 深基坑变形控制指标研究[J]. 地下空间与工程学报, 2010, 6(3): 619-626.

结束语

随着基坑深度的增加，基坑围护结构、土体、地下水的性态会产生很大变化，有些甚至存在着质变。城市中深基坑工程邻近有建筑物、道路桥梁、地下管线、地铁隧道或人防工程等，虽属临时性工程，但其技术复杂性却远高于永久性的基础结构或上部结构，稍有不慎，不仅会危及基坑本身安全，而且会殃及邻近的建/构筑物、道路桥梁和各种地下设施，造成巨大损失。因此，业界对围护结构的要求越来越严格，对基坑工程各方面提出新的要求。

目前，国内外学者对基坑工程的研究不断深入，基坑设计理论和支护技术得到不断的发展与完善，基坑支护选型也变得更加丰富多样。桩锚支护结构作为最常用的支护选型之一，在基坑支护工程中的地位举足轻重。桩锚支护结构产生于20世纪80年代，凭借施工方便快捷、变形控制好、经济适用等特点得到迅速推广。经过四十多年的发展，桩锚支护结构的设计理论和施工技术已得到较好完善。

深基坑工程尤其是大型超深基坑工程作为一个与复杂地质环境紧密相关的系统工程，其复杂性和不确定性决定了其设计和施工不可能截然分开。深基坑工程设计需以开挖施工时的诸多技术参数为依据，开挖过程中往往会引起支护结构内力和位移以及基坑内外土体变形。近些年来，虽然基坑工程的设计计算理论和施工技术在不断地发展和创新，基坑工程中的问题依然无法通过单纯理论分析计算进行解释。有鉴于此，研究人员不断总结实践经验，针对深基坑工程萌发了信息化设计和动态设计的新思想，并结合施工监测、信息反馈、临界报警、应变（或应急）措施设计等一系列理论和技术，制定了相应的设计标准、安全等级和计算方法等。

目前，一般都是在施工过程中进行监测，及时采集、分析、处理信息。设计人员结合工程具体信息，根据监测数据对设计进行必要的修改完善，从而真实地反映基坑的运行状态，确保工程的安全和质量，验证设计的合理性，指导现场施工，同时作为科学研究的一种足尺实验手段，为科研设计提供宝贵资料。

采用先进的动态设计的信息化施工方法，提高了基坑的安全性，优化了基坑设计，为将来类似的工程设计提供了有益的探索和尝试。优秀的设计方案外加良好的施工方案选择保证了整个基坑工程的安全、经济,能取得较好的经济效益和社会效益。

目前,不少工程开始采用信息化施工,但是由于条件限制,信息化施工技术只是处于直接事务处理阶段,难以真正实现信息化设计和动态设计,这反映了信息化施工正处于浅层次阶段,有待进一步发展与推广。